JN298367

文明は農業で動く

歴史を変える古代農法の謎

吉田太郎

築地書館

目次

II　未来への遺産――マヤ、アステカ、アマゾン、インカ　37

III 曼荼羅というコスモロジー——インド・スリランカ

プロローグ

辺境農業探索へのいざない

文明の基礎は人を養う食にあり。食を生み出すのは農法なり。なんとならば、農法こそが文明のゆりかごといってよい。メソポタミアが塩害で、古代ギリシアが土壌侵食で滅び去ったように、文明の中心地は農法によって動く《シフトする》。20世紀の幕開けとともに始まり、平原を制した石油農法もピーク・オイルとともに泡沫の如く消えていく運命にあろう。

未来永劫、文明を支えうる農法は、いずこにありや。石油農業文明とともに今は辺境へとシフトした過去の栄華の地。この地に埋蔵する古代農法に手がかりを求める探求の旅に出発しよう。

■近代農業は石油で動く工業だ

金融危機や債務危機を引き起し、地球環境を破壊するグローバル資本主義。その矛盾を克服するポスト・グローバル化時代の新たな経済学として、欧州で最も注目されているキーワードがフランスの経済学者、セルジュ・ラトゥーシュが提唱する「成長なき社会発展」(décroissance)なのだという(1)。だが、イギリスには「デクロワサンス」(脱成長)よりも、さらに生々しく「没落」という言葉を使って物議をよんでいる人物がいる。オックスフォード大学で政治学を教えるヨーグ・フリードリッヒ教授だ。

「現在の工業社会がぼろぼろと崩れだし、自由貿易も崩壊し始めることは避けられません。とはいえ、これは行動することが無駄だということではありません。レンガの壁に激突するのと干し草の山にぶつかるのとでは大きく違います。ピーク・オイルは干し草ではありませんが、もし、人々が準備してスムーズに没落(descent)するための適切な対策を講じるならば、ピーク・オイルはレンガの壁ではないからです」

これほど経済成長の必要性が叫ばれている日本の常識からすれば、工業社会も自由貿易も崩壊する、優雅に没落せよ、とは尋常な世界観ではない。あまりに過激な発言ぶりに、海外でもエネルギー政策誌に掲載されるまで、一二回も論文掲載が他誌から却下されたという(2)。

どこまでも広がる水田を涼しい風が吹き抜け、彼方には新緑の里山が広がる。コンクリート・ジャングルと化した都会で、分刻みのあわただしいスケジュールに追いまくられていれば、ゆったりと時間が流れる農業は自然に優しいライフスタイルそのものに思える。だが、残念なことに、今の農業は自然には優しくはなく、どっぷりと石油に浸かった「工業」だ。新たに田舎暮らしを始めた人のケースを想定してみよう。園芸店で買ったナスやトマトの苗はハウスで育てられている。ビニールは石油製品だし、早く成育させるため加温されているかもしれない。ボイラーの燃料はもちろん石油だ。農産物は肥料がなければ育たない。見れば近くの農家は化学肥料を撒いている。病害虫が発生すれば必要以上に農薬を撒くこともある。化学肥料も農薬も原料は石油だ。

秋には水田は黄金色に染まり収穫作業が始まる。そのコンバインも石油で動く。収穫された米は「カントリーエレベータ」と称される穀物貯蔵庫に運ばれる。コメは水分を飛ばして乾燥させなければ長期保存できない。かつては天日でなされ「はざかけ」の光景が農村で見られたものだが、今は石油を使った機械乾燥だ。そして、生産されたコメは石油を使って都会へと運ばれていく。

農業が石油に依存する工業へと変貌したのは、長い人類の歴史の中ではほんの一瞬のことにすぎない。二〇世紀初頭ですら、チリ硝石や硫酸アンモニウムがわずかに適用されていたとはいえ、ほとんどの農業は無化学肥料栽培だった。だが、収量は今ほど多くはなかった。

一〇〇年前の技術水準で、いったいどれだけの人間を養えるのだろうか。地球全体の自給率を試算してみた例がある。エネルギーを専門とするカナダのマニトバ大学のバーツラフ・スミル教授の解析結果によれば、答えはわずか三五パーセントだ。当時は、八億五〇〇〇万ヘクタールの農地で一六億二五〇〇万人しか養えなかった。現在の農地は一五億ヘクタールと倍増している。だがそれでも、当時の収量では約二九億人分の食料しか作れない。(3) 六九億人まで膨れ上がった人口が、当時とは比較にならない飽食をしてまでも、なんだかんだ生きていられるのは、科学技術の恩恵といっていい。なればこそ、スミル教授は「二〇世紀における最も重要な発明は、収量向上に欠かせない窒素を工業的に固定することに成功したハーバー・ボッシュ法による化学肥料だ」とまで評価する。(4)

スミル教授の評価には賛同できる。だが、さしもの近代農業にも大きな欠陥がある。化学肥料や化学合成農薬を製造するには石油が欠かせず、その石油がいずれは枯渇する──フリードリッヒ教授の言うピーク・オイル──という問題だ。

江戸時代の日本では国民のほとんどが農民であったにもかかわらず、全国土で三〇〇〇万人を養うのがやっとだった。では、石油を用いずに江戸時代よりも進歩した農業技術はあるのだろうか。農林水産省農業・生物系特定産業技術研究機構の篠原信博士が、全国の研究者に確認したところ、その答えは皆無だったという。(5) 科学技術の躍進ぶりは目覚ましいが、どれも石油をふんだんに使えることを前提としているのだ。

■二〇一二年を境に文明はシフトする

フリードリッヒ教授によれば、石炭も原子力もバイオマスも、石油にかわり現代の工業化社会や近代農業を維持するだけの力はない。水素エネルギーも他のエネルギー源がベースになっている。そこで、教授は二〇一二年を境に石油生産がピークに達し、その後、毎年二〜五パーセントずつ減産していけば、いずれ全世界が、地域に根ざした伝統的な暮らしに後戻りせざるを得ないと主張する。だが、そのトランジション（転換）は、かなりの痛みを伴うものだし、ソフトランディングに失敗する国も多く出るに違いない。教授は政治学が専門だけに、石油遮断を歴史的に経験した三国を例にあげ、ピーク・オイル以降の未来予想図を描いて見せる。

ひとつは、ソ連圏の崩壊でソ連からの輸入石油が途絶し、農業生産が大きく下落し国民の三〜五パーセントが餓死した北朝鮮だ。

二番目の国も、やはり自国内に石油がなく、うち七五〜八〇パーセントをカリフォルニア産の石油に依存していた。おまけに、同国は米国から「経済封鎖」を受けた。そこで、他国の油田を確保しようと軍事侵攻を試み、散々な目に陥った。

「地域経済圏を構築しようとあがく同国の試みを米国の経済封鎖がさらに急進化させた。自分たちの政策がもたらす結果をほとんど予想すらできず、東インド諸島から石油を略奪する以外の選択枝を考えなかった。だが、その結果は、資源の枯渇だった。全国の山々の松の根を掘り出して燃料としたが、一九四五年九月にはエネルギーは完全に枯渇し、自殺未遂を図った東條首相を病院に搬送する救急車の燃料すらなかった」

そう、教授があげる二番目の失敗事例は、大日本帝国なのだ。だが、教授があげる三番目の国、カリブ海に浮かぶキューバは北朝鮮と瓜二つの状況に直面し、かつ、かつての日本と同じく米国から「経済封鎖」を受けたにもかかわらず、危機をうまく切り抜けた。教授によれば、キューバがスムーズな「没落」にうまく成功した鍵は、社会的連帯と伝統知識が保全されてきたことにある。教授は、ピーク・オイル以降の世界では、ヨーロッパや日本のような石油漬けの消費型生活に慣れた先進国よりも、キューバのようにコミュニティや伝統が残る開発途上国の方が有利になると予想する。(6) そう文明の中心は、シフトするのだ。

■文明シフトの鍵は辺境と古代に眠る

キューバが農業での脱石油化に成功した秘訣は次節で描く「アグロエコロジー」にあるのだが、もうひとつの見逃せないポイントに「古代技術」の再興がある。キューバでは、農業のみならず、工業、サービス業とありとあらゆる部門が脱石油化のシフトを迫られた。住宅でもプレハブ資材の製造ができず、灰や竹を用いたエコマテリアルづくりが始まることとなる。そのキーマンとなったのがフェルナンド・

マルティレナ博士だった。博士は、まちづくりやエネルギーにも造詣が深い。そこで、二〇一〇年五月にキューバのサンタ・クララにある博士の自宅を訪れた際、今後の人類のゆくすえについてストレートに質問をぶつけてみた。

「ピーク・オイル時代が到来することは間違いありません。エネルギーが最も深刻な問題となりましょう。もちろん、ジャトロハや藻等、植物からエネルギーを作り出す研究も進んでいるのですが……」

博士は、少し間をおいてこう言った。

「結局は、昔に戻るということでしょう。一九世紀の人々の方が私たちよりもはるかに環境への負荷が小さい暮らしをしていたわけですから」

そこで、博士が口にしたのが「バック・トゥ・ザ・フューチャー」というフレーズだった。博士は古代ローマの技術をベースにエコ資材を開発したという。過去の技術に戻る……。そうか、その手があったか。

エジプト、メソポタミア、マヤ、インカ、ナスカ……。滅び去った世界各地の数々の古代文明の謎は今も私たちを魅了してやまない。なるほどメソポタミアは塩害という農法のミスマネジメントで滅びたし、ギリシアも土壌侵食という不適切な農法によって文明存続力の基盤を失った。だが、石油も化学肥料もない中で、古代人たちはなぜあれだけ壮大な文明を築き多くの人々を養えたのだろうか。前述したスミル教授の三五パーセントという自給率はあくまでも地球全体の平均値だ。マルティレナ博士が古代ローマから斬新な技術を再発見し蘇らせたように、石油に依存しなくても、自然と調和してさらに生産性が高い農法が古代には眠っているのではないだろうか。

実際、「伝統農法」や「先住民農法」という英単語をキーワードにネット検索をかけてみると、八〇〇〇万件と膨大な数がヒットする。おまけに、気候変動、ピーク・オイル、生物多様性の保全等、純粋な農業分野よりも、グローバルな地球環境問題の解決や文明の存続を憂えるNGOや研究者たちが関心を寄せ、情報を発信し活動している構造が見えてくる。例えば、カナダのダルハウジー大学の資料は、いま伝統農業を見直す意義をこう整理している。

「伝統農業とは、数千年に及ぶ試行錯誤や数多くの失敗を重ねた上で、複雑なアグロエコロジーシステム内で蓄積されてきた長期的に生き残るための術だ。残念なことに、こうした過去の英知の多くは、先進国では失われてしまっている。だが、開発途上諸国にはまだ数多くのノウハウが残されている。伝統農業はいまだに辺境の限界地においては唯一の持続可能なシステムだ。こうした農法には農薬や化学肥料を減らし、土壌侵食を防ぎ、病害虫を防除し、化石燃料への依存を減らしつつ、増加する人口を養う数多くのヒントが眠っている(7)」

やはりそうだ。辺境の限界地にこそ、ポスト・ピーク・オイル時代の食料生産の解決策、宝が埋蔵されているのだ。もちろん、伝統農業ですべて解決するほど事態はたやすくはないだろう。とはいえ、先が見えない時代には、まず過去の成功事例を振り返ってみるのが一番だ。幸い今はネットという便利なものがある。現地をすべて踏査しなくても、普通は足を踏み入れられないアマゾンの僻地はおろか数千年前の過去ですら、ヴァーチャルな探訪ならば、とりあえずはできてしまう。

では、早速、伝統農業が持つ豊穣な辺境と過去の旅へと出発してみよう。フリードリッヒ教授の言う優雅な「没落」を実現するために過去を探るのだ。未来のために過去に戻る。となれば、次章のタイトルはもう決まっている。

キューバのフェルナンド・マルティィレナ博士が口にした「バック・トゥ・ザ・フューチャー」だ。

（注）エコマテリアルについては、拙著『「没落先進国」キューバを日本が手本にしたいわけ』に紹介した。

I

バック・トゥ・ザ・フューチャー

遺伝子組換えにも緑の革命にも未来なし。伝統農業にこそ目を向けよ――

アグロエコロジー学会、世界農業遺産、農業科学・技術国際アセスメント。世界各地の農民、国連の専門家、科学者たちは、口を揃えてこう発言している。伝統への後退はアナクロニズムにもノスタルジアにもあらず。環境破壊、人口増加、貧困増大。差し迫る人類の難題を解く鍵。来るべき脱石油時代農法へのパラダイム・シフトの突破口は、過去にあるのではないだろうか。

1 なぜアグロエコロジーと伝統農業なのか

有機農業が盛んだからアグロエコロジーに鞍替え

二〇一〇年五月一一〜一四日、キューバの首都ハバナでは、NGOキューバ農林技術協会の主催によって、第八回有機農業・持続可能農業国際会議が開催された。開会式ではカリフォルニア大学バークリー校のミゲル・アルティエリ教授がこう述べた。

「グローバルな金融危機、エネルギー、そして、社会危機が全世界の人々に影響しています。旱魃、洪水、ハリケーン等の気候変動も世界中の科学者が取り組まなければならない重要な課題です。この現状に対応するには、新たな農業モデルが必要です。そして、キューバは合理的な資源の利活用と環境保全で世界のモデルといえるのです」

会議は、第六回ラテンアメリカ・カリブ海・アグロエコロジー運動会議、そして、ラテンアメリカ・アグロエコロジー学会との共催だった。アルティエリ教授は、同学会の会長でもある(1)。だが、なぜ、有機農業運動会議や有機農業学会ではないのだろうか。

アグロエコロジーは日本語に直訳すると「農生態学」となる。だが、キューバに限らず、ラテンアメリカでは、今「有機農業」とほとんど同じことをやりながら、「有機」という言葉をあえて使わず、「アグロエコロジー」に取り組む生産者が増えている。その理由は、逆説的だが、有機農業が急発展しているからだともいえる。日本では有機農業の先進地というと欧米諸国がイメージされがちだが、今、有機農業が最も急成長しているのは、ラテンアメリカなのである。認証面積は約六〇〇万ヘクタールと全世界の二四パーセントを占め、ヨーロッパに匹敵する。認証面積トップ一〇にもアルゼンチン、ブラジル、ウルグアイ、ボリビアと四カ国が顔を出す。しかも、その伸び率が目覚ましい。二〇〇一年には開発途上諸国で認証有機農地の割合が一パーセントを超す国はアルゼンチンしかなかったが、二〇〇四年には七カ国となり、ウルグアイは農地の四パーセントが認証されている。ところが、この盛んな有機農業は、先進国の需要を満たすためのものだ。比較的裕福な中産階級のいるアルゼンチンでさえ、有機農産物の九〇パーセントが輸出され、国内ではほとんど流通しない。(2)

この歪んだ構造は米国とまるで瓜二つだ。アルティエリ教授は、無農薬・無化学肥料だけにこだわる先進国の有機農業ブームにこう釘をさす。

「米国では、農薬や化学肥料の代わりに有機認証基準で認められた資材を使っていますが、生産形態はいまだにモノカルチャーです。経済的には急成長部門となっていますが、これを享受できるのは金持ちだけです。学生たちとファーマーズ・マーケットや自然食品店等を調査してみたのですが、売り場には上流階級や中産階級の消費者しかいませんでした。マイノリティの人々がこうした食品を消費している姿は目にできない。つまり、少数の大手企業や大規模有機農家が、販売額の六五パーセントを占めている。カリフォルニアでは、わずか二パーセントの有機農家によって、小規模家族農家が駆逐されているのです。ラテンアメリカでも有機農業が盛んに推進されていますがいずれも輸出向けです。経費のかかる『有機認証』も必要で、地元住民の食料安全保障にはほとんどメリットがありません。有機コーヒーを楽しめるのは地元住民ではなく、ヨーロッパや米国の消費者なのです(3)」

たしかに有機認証を受ければ、付加価値は付く。だが、開発途上諸国でEUが認める認証基準を政府として備えているのはアルゼンチンしかない。国際有機農業運動連盟（IFOAM）が認める民間認証機関も、アルゼンチン、ボリビア、ブラジルしかない。畢竟、それ以外の国は先進国に拠点をおく認証機関に認証を依頼することとなる。だが、ここで所得格差が問題となる。有機認証の検査業務は平均で日当約三〇〇ドル。それに加えて旅費もかかる。貧しい国ではわずか一日だけで検査経費が農民たちの年収を軽く超す。おまけに、基準のほとんどは先進諸国で作られたものだから、地元の気候風土や社会経済状況にマッチしない。病害虫防除に植物エキスを使うといった伝統的な農法も認められない(4)。

「そこで、それとは全く異なる『アグロエコロジーの革命』が起きているのです(5)」

とアルティエリ教授は、輸出型の有機農業とは別の論理での動きがあることを指摘する。

「そのルーツは、ラテンアメリカにあります。ラテンアメリカでは一九八〇年代の新自由主義政策によって、数多くの社会政策が打ち切られたため、そのギャップの埋め合わせをNGOがしなければなりませんでした。小規模な農民たちも、自給するために生態系の回復に取り組み始めます。アグロエコロジーはそこから誕生したのです。そして今、運動はNGOの枠を超え、大学や政府のプロジェクトにも大きな影響を与え始めています。キューバやベネズエラでは、アグロエコロジーが農村開発の基礎として政策の旗印に掲げられているのです(3)」

農業生態系のしくみを活かすアグロエコロジー

アグロエコロジーは、無農薬・無化学肥料であってもモノカルチャー型の有機農業とは全く違う。農業生態系内の複雑な相互作用やシナジー効果を重視することで、地力を維持し、作物を病害虫から防ぎ、環境を保全すると同時に生産性も確保していく。しかも、農法だけにとどまらず、草の根での研究や農民から農民への普及手段を通じて、農民たち自身が、技術を革新、評価して、適合させていくコミュニティの能力も重視する。環境や生物多様性の保全は地域の文化とも密接に関わるから、コミュニティ参加を活発にすることで地元の伝統文化を守ることにも関わる。つまり、社会運動的色合いも持つ。

すでに、ラテンアメリカでは、アグロエコロジーによって、農業生物多様性や土壌と水を保全しながら、農村の自給率を向上できることが実証されている。諸大学はアグロエコロジー学科や修士コースを設け、何百ものNGOも活用している。農民運動、ビア・カンペシーナ、ブラジルの小規模農民運動、土地なし農民運動等も活動の柱として推進している。そして、キューバやベネズエラだけでなく、ブラジル、ペルー、ボリビア政府も農業開発戦略にアグロエコロジーを組み入れているのだ(6)。

とはいえ、ラテンアメリカ全体としては、グローバル化の影響で、急速にその農業が変貌しつつある。中国や欧米から需要を受けて、牛の餌用の遺伝子組換えダイズを大量生産してみたり、先進国からのバイオ燃料需要に応じて、サトウキビ、トウモロコシ、ダイズ、パーム油、ユーカリ等を生産する動きもある。石油に依存する工業型のモノカルチャー農業は、小規模な農民たちの食料安全保障や地域自給力も奪っていく。広大な農地でバイオ燃料作物を生産し始めれば、生物多様性の保全にいったいどのような影響が出るのか、未経験なだけに誰にもわからない(6)。

なればこそ、食料、環境、エネルギー危機の構造的な原因にメスを入れ、化石燃料に依存する工業型農業から脱却し、地産地消型の農業に転換することで対処しよう。ただし、そのためには、エコロジーの原則に基づいて、複雑な農業生態系を管理・デザインするための科学的な根拠がいる(2、3)——研究や教育、普及事業に関わる専門家たちの間で、こうした認識が高まったことから、ラテンアメリカ・アグロエコロジー学会は誕生した(6)。

第一回学会は、二〇〇七年八月にコロンビア北西部のアンティオキア州メデジンで、アンティオキア大学等の学術機関と共催され、ビア・カンペシーナ、ラテンアメリカ・カリブ地域アグロエコロジー運動、ラテンアメリカ・オルタナティブ脱農薬ネットワーク、IFOAM等のNGOの代表ら五〇〇人が参加し、自然生態系を活かした病害虫防除法や土壌管理、民族生態学、エコロジー経済学等、多岐にわたる議論がなされた[7]。二〇〇九年一一月には第二回学会が、ブラジル・アグロエコロジー協会と共催で、クリティバで開催され、「農民と家族農業――持続可能な未来を構築するための過去と現在の経験」と題し、学生、農民、研究者等、三〇〇〇人以上が参加した[6]。

現在、学会には、ラテンアメリカ一四カ国の研究者、大学教授、普及員等二六〇人が参加している。数多くの大学やNGOとも連携し[7]、各国で、短期トレーニングコースを設け、アグロエコロジーの推進に役立つ技術や公正な市場、地域開発戦略や政策情報を提供している。コロンビア大学とアンティオキア大学が連携し、高度な理論と実践力を持つ専門家を養成するため、アグロエコロジーの博士課程も設けられている[6,7]。キューバで国際会議が開かれる前段としてはこうした動きがあったのである。

ラテンアメリカには五〇〇の農法がある

このようにラテンアメリカでは、アグロエコロジーが急進展しつつあるが、アルティエリ教授は、それが伝統農業をベースに構築されるべきだとも主張する。

「私は西洋の教育を受けましたが、複雑な開発途上国の農業に対応するには西洋の知識が不完全なものであることがわかったのです。私は、西洋科学は普遍性のあるものではなく、ある特定の社会の産物なのだと考えています。ラテンアメリカにいる五〇〇もの先住民たちの世界認識の方法や農法を私は目にしてきましたが、いずれも何千年もの農民たちの実践を背景にした科学的なアプローチでした。開発途上国には、一〇〇〇種類もの植物種を見分け、旱魃や病害虫耐性のある種子を選び、色や味によって土壌を分類している先住民もいれば、海抜三八〇〇mの霜原の中で作物を育てる農法も開発されているのです。ですが、西側社会ではただひとつのやり方だけが席巻しています。おまけに、このただひとつのやり方だけが真実で正しいとして、開発途上国の貧しい農民たちの知識を認めようとはしないのですから、実に傲岸です。農業は、自然と社会システムとが共進化してきた産物と解釈する必要があります。アグロエコロジーは、エコロジーだけでなく、人類学や社会学等の成果も盛り込んだ最も近代的な農学といえます。ですから、伝統的な農業を基礎にそれを構築しよう、と申し上げたいのです[5]」

2　世界農業遺産

危機にさらされる伝統遺産

伝統農業に着目しているのは、ミゲル・アルティエリ教授だけではない。ヨハネスブルクの地球サミットで、国連食料農業機関（FAO）も、地球環境財団の支援を受け、UNDPやユネスコ等と協働で、二〇〇二年に「世界農業遺産」プロジェクトを立ち上げた[1、2]。世界的に見て重要な伝統農業を保全するためだ[3]。

二〇〇六年までが準備期間で、まず皮切りにチリ南部のチロエ諸島の農業、ペルーのアンデスの山岳地農業、北アフリカ（チュニジア、モロッコ、アルジェリア）のオアシス農業、フィリピンのイフガオ族の棚田、そして、中国の稲田養魚が、パイロット地区として選定された[1、2]。同年一〇月には、ローマのFAO本部で伝統農業の国際フォーラムが開催され、パイロット地区の経験や取り組みが議論される。二〇〇七〜一四年は第二ステップで、これまでの研究から明らかになった保全手法を、地元コミュニティと協働で実践していくこととしている[1、3]。開発途上国はもちろん、OECD諸国の事例も含め、約二〇〇の伝統農業が候補としてすでにリストアップされ[2]、最終的には一〇〇〜一五〇を「世界農業遺産」として登録することを目指している[1、3]。

「遺産」と銘打たれているだけに、候補にあがった農業はいずれもユニークだ。

チロエ諸島は、ジャガイモの原産地とされ、今も先住民ウィジチェ族が、口伝で継承されてきた農法を営み、約二〇〇品種ものジャガイモの原種を保存している[2]。

ジャガイモの起源としては、アンデスも重要で、クスコやチチカカ湖畔のプノでは一七七種ものジャガイモが保存されてきた。アンデスでは標高によって農業が変わる。標高二五〇〇〜三五〇〇mではトウモロコシが栽培され、三五〇〇〜三九〇〇mではジャガイモが作られ、四〇〇〇m以上は牧草地となっている[2]。標高三八〇〇ｍと富士山よりも高いチチカカ湖周辺で、温室も使わずに、ジャガイモが栽培できるのにはわけがある[4]。ジャガイモ畑の中に「スカコジョス」と呼ばれる運河を掘り、そこを水で満たす伝統農法があるからだ[2]。日中の強い日差しで水は温まり、冷える夜間に熱を放出する[4]。結果として、霜害を受けることもなく、ジャガイモやキノア等を生産できる[2]。

サハラ砂漠でも、何百キロも彼方の山岳地から水を引いてオアシスや菜園が作り出されてきた。古代の水路、カナートは自然流下で帯水層から水を集めるが、水は地下水路を流れるから、蒸発で目減りしない[3]。いずれも水の特性を活かした巧みな技といえるだろう。

フィリピンのイフガオ族の棚田も二〇〇〇年以上もの歴史を持つ。ユネスコの世界遺産にも指定され、壮観な景観美を創り出している[2]。中国の浙江省麗水市青田県の「稲田養魚」も興味深い。水田でのコイ養殖といえば、長野県佐久地域が有名だが、水田漁撈はアジアの伝統でもある。漢時代の素焼板には、池から水田まで泳ぐ魚の姿が描かれ、少なくとも二〇〇〇年前から水田で魚が飼育されていたことがわかる。稲田養魚はエコロジー的に見ても合理的だ。魚が害虫や雑草を食べるため、農薬や除草剤が省けるし、その糞が肥料となるため、化学肥料も減らせる。生産効率が高まり、収量もアップする[2]。

とはいえ、古代から続く数多くの農業技術や文化は今、深刻な危機に直面している[3]。近代化の波の中で、チロエ諸島のコミュニティが消え失せつつあれば、北アフリカでも、何世紀もオアシス周辺で暮らしてきた人々が、故郷を捨ててイタリアほかの欧州諸国に移住している[1]。近代設備を用いて深井戸が掘られ、古代のカナートは打ち捨てられ、多くのオアシスが消えた。だが、大量の水を使う近代農業は、地下水を汲み尽くす。帯水層には塩水が流れ込み、塩害を受けて、かつて豊かであったオアシス地帯は不毛化する。中央アジアのアラル海をはじめ世界中で起きている「砂漠化」と呼ばれる現象だ(3)。中国でも化学肥料の増加によって、稲田養魚が消え失せつつある(4)。

世界農業遺産のコーディネーターでもあるFAOのパルヴィズ・クーハフカン地域開発課長は、それがプロジェクトを立ち上げなければならなかった理由だと語る。

「工業開発、汚染、気候変動、グローバル市場で排除されていく地域経済、農村の貧困、そして、都市部への人口流出。これが、私たちが直面する課題です(1,3)。今、これに対応しなければ、グローバル化の中で、人類はこうした遺産を失ってしまうことでしょう(1)。地元住民の多くは、自分たちの価値観を見失い、若者も学校に進学して、農家を継ぎません(3)。先住民たちも自分たちが手にしている多くの宝物をたいがい自覚していません。ですから、伝統農業の価値を再認識するよう彼らを励ますことが大切なのです(1)」

人類にとって真に価値あるものとは

とはいえ、いかに貴重な遺産だからといって、ジェット旅客機やインターネット等の技術が進歩した現代社会で、ペルーの古代農法や古代中国の稲田養魚、サハラ砂漠のオアシス農業がなぜ必要なのだろうか。

それは、古代農法が美しい景観を産み出しているだけでなく、環境を破壊することなく何世紀も人々を養うことに成功し、かつ、今も養っているからだ。[3] クーハフカン課長は、小規模農業や伝統農業が消え去る運命にあるとの考え方に反論する。

「数多くの人々が都市に流出しているとはいえ、いまだに小規模農家は減ってはおらず、約一〇億人もいます。とりわけ、開発途上国では、地域開発にも大きく寄与しています[5]」

課長は、大規模企業や近代農業に比べて、小規模農業が非効率で非生産的だとの通説も否定する。

「幅広い目で見れば、たいがい小規模農業のほうが大規模農業よりもずっと効率的で、はるかに持続可能なことがわかります。小規模農民たちが手にしている唯一の資源は、天然資源や人的資本だけです。ですから、遺伝資源を多様化させ、生産体制や収入源も多角化させる。これは、食料生産に役立ちますが、同時に、立脚する天然資源や暮らしの持続性にも寄与するのです。近代農業による土壌や水の汚染を考えれば、伝統的な家族農業のほうがずっとよく機能しています。大規模農業を維持するために先進国では、年間約三六五〇億ドルもの補助金が投入されています。一日当たりでは一〇億ドルです。小規模農民がどうしてこれに競争できましょうか。システムが完全に歪んでいるのです[4]」

課長は、イラン出身で、テヘラン大学で天然資源マネジメントを学んだ後、フランスのモンペリエ第二大学に移り地球生態学で学位を得た。その後、同大学の森林生態学の教授となるが、一九九一年以降は持続可能な開発の専門家としてFAOでずっと働いている。[6] ベテランなだけにFAOの内部事情にも詳しく、「西洋」や「生産至上主義」の価値観が席巻していることが組織上の課題だと指摘する。

「管理職たちのほとんどは、西洋の大学で教育を受けているため、先進国の農業を重視しがちです。西洋でよいとされる技術を真似して南側にも移転したいと思うのです。

たしかに、三〇年に及ぶ緑の革命は、多くの人々に食料を提供するうえで役立ちはしました。ですが、同時に、資源は使い果たされ、土壌や水も汚染されています。緑の革命の発想に立脚した政策がいまだに優勢なことが組織的な課題です。しかし、私たちは今、過去の政策が間違っていたことを認めています。持続可能な惑星を望むならば、土地、水、遺伝資源といったシステムの管理人、すなわち、農民こそを支援すべきなのです[5]」

中国では二〇一〇年六月に、稲田養魚に引き続いて、雲南省紅河ハニ族イ族自治州の「ハニ族の棚田」が世界農業遺産に新たに指定された。そして、インドも世界農業遺産に参加する。伝統農法を用いて、多様な米、アワ、マメ、薬用植物の品種を維持するオリッサ州のコラプット県の部族たち。乾燥させたニームの葉で穀類を保存するマハーラーシュトラ州のコルク族。バナナの幹で作ったパイプで灌漑するアーンドラ・プラデーシュ州のコンダ・サヴァラ族。インドの取り組みもユニークだ。

「緑の革命でインドは自給に成功しました。ですが、環境悪化には無視できないものがあります。作物は、多くの化学肥料や水を必要とし、緑の革命は主に補助金だけで生き延びているのです」

二〇一〇年七月に開催された「部族の農業技術遺産」と題するセミナーで、クーハフカン課長は、将来的にインドが食料を確保するには、伝統農業の保全が欠かせないと訴えた。インドも伝統農業保全のための戦略を立て始めている。(4)

遺産という言葉からは、ダイナミズムを失った過去の遺物というイメージを抱きがちになる。だが、世界農業遺産は、現在もダイナミックに脈動する活動だとクーハフカン課長は主張する。(2)

「伝統農業は、今も全世界で二〇〇〇万人の食料を保障しています。(1)その多くは、人類にとって本当の価値があります。(3)そして、将来は、おそらく全人類がこれを必要とすることになるでしょう(1)」

3 アグロエコロジーと伝統農業を評価する国際アセスメント

緑の革命にも遺伝子組換えにも未来はない

クーハフカン課長は、FAOの職員となる以前に、FAOの天然資源と流域マネジメント・プログラムの主席技術アドバイザーとして、ラテンアメリカやカリブ地域で一九八五〜九一年まで働いた経験を持つ。ミゲル・アルティエリ教授との共著もある(1)。それだけにいささか偏った思想の持ち主と思われるかもしれない。だが、アグロエコロジーや伝統農業に着目する動きはほかにもある。そのひとつが、二〇〇八年四月一五日に発表された「開発のための農業科学・技術国際アセスメント」だ。

飢餓や貧困を減らすには、食料を増産しなければならない。だが、同時にこれ以上地球に人間活動による環境負荷をかけるわけにもいかない。この二律相反する難題の解決策を見出すため、国連(FAO、UNDP、UNEP、ユネスコ、WHO)、世界銀行、そして、地球環境財団の支援を受け(2、3)、四〇〇人以上の科学者が二〇〇五～〇七年と三年の歳月を費やして、全世界の何千もの事例を調べあげたのだ(2、3、4)。アセスメントは、現在、地球上に存在するあらゆる農法や科学知識を集大成したもので、食料問題関係者を世界中から集めた最初の試みとしても注目に値する(5)。

アセスメントは、アジアやラテンアメリカ等各地域別の五つの評価書と、バイオエネルギー、バイオテクノロジー、気候変動、食べ物と健康、農業と自然保護、伝統知識、自由貿易と市場、農業や開発に果たす女性の役割と、今の農業が直面する八課題を横断的に分析した総合報告書からなる(2、3、4、5)。内容は膨大だが、その主張はいたってシンプルだ。貧困を解消しつつ、持続可能なやり方で、食料を増産するには、伝統的な地域の知恵と近代的な科学知識とを組み合わせるしかないとの結論を下す(4)。

一方、工業的な大規模モノカルチャー農業への評価は手厳しい。農薬による空気や水の汚染等、生態系に悪影響があり、今後予測される石油資源枯渇や水不足から持続不可能だと酷評する。遺伝子組換え技術についても、一定の役割があるとしながらも、そのメリットを評価するにはデータが不十分だし、本当に安全かどうかも懸念されると留保を付ける。[4,5]

「遺伝子組換え作物は、ある場所では収量が伸びても別の場所では低下する。技術開発も急速で、環境や健康へのリスク評価が間に合わない傾向もある。これが人々の不安を招いている。種子が特許化され、開発途上国で種子を保全しようとする地元農民たちの取り組みを台無しにする傾向もある[3]」

貧しい農民たちにはさして役割を果たさないとの結論に猛反発したのが米国だ。アセス参加国のうち、米国と中国だけが報告書を留保付きとするよう要請した[2]。また、当初参加していたバイテク企業、スイスのシンジェンタ社とドイツのＢＡＳＦ社も二〇〇七年末に脱会した[2,4,5]。最終案が、遺伝子組換え作物のメリットに疑問符を付け、貧困や飢餓削減に役立つとの自分たちの主張が適切に反映されそうになったからだ[2]。ほかにもこの結論に納得しない人がいる。ハーバード大学の農業政策の専門家、ロバート・パールバーグ教授だ。「何億人をも飢餓から解放した緑の革命をまるで悲劇であるかのように信じている人々が書いたようだ」と批判し、アフリカの貧困や飢餓は、バイテクが活用されない結果だと主張している[4]。とはいえ、『第三世界の抵抗』という雑誌を見ると同教授は、こんな形で登場している。

「ビル&メリンダ・ゲイツ財団は、アフリカで遺伝子組換え作物の研究開発に多額の投資を行っており、それが受け入れられる政治状況を作り出すため、パールバーグ教授を雇った[6]」

一方、アセスメントが重視するのが、アグロエコロジーだ。

「農業は、食料生産だけでなく、気候変動の緩和や生物多様性の保全等、環境や社会、経済での多面的機能も発揮すべきだ。正当で公正な生産物価格で、その労働に報酬が与えられる必要があるのは、何をさておいて農民たちである」

そして、伝統農業も次のように高く評価する。

「数多くのイノベーションは、正規の科学研究機関よりも、ローカルなコミュニティの智恵や専門技術に基づいて地域で産み出されている。伝統的な農民たちは、野生の樹木を守り、品種を改良し、生物多様性を保全しつつ土壌や水を管理し、持続可能な開発に役立つライフスタイルを送っている。科学者たちはもっと地元コミュニティと密接に協働すべきだし、伝統農法は科学教育上も高く位置づけられるべきだ(3)」

この結論にまっさきに飛びついたのが、本章第一節で登場した、ビア・カンペシーナだ。二〇〇八年は世界で食料価格が高騰し、多くの開発途上国が飢餓に苦しめられたが、この状況に対して、アグリビジネスが輸出農作物生産のために農地を取得することを止めよ、緑の革命を拒絶する代わりに「アセス」の結果を支持せよ、と呼びかけた(7)。このビア・カンペシーナを通じて、アグロエコロジーを評価する動きはラテンアメリカから、アジアにも飛び火する。二〇〇九年八月にベネズエラのバリナスで開催された第一回アグロエコロジー大会に続き、翌二〇一〇年五月の大会の開催地となったのは、スリランカのコロンボだった。東アジア、東南アジア、南アジアの八カ国から、農民や活動家たちが参加し、農民同士の交流や連帯を強化し、アジアでもアグロエコロジーを広めるため、こう主張した。

「農民やその家族にとって、まっとうな労働条件を創り出し、環境的にも経済的にも持続可能で、社会的にも公正で文化的にも受け入れられる農業を再構築するには、我々はアグロエコロジーしかない、と信じている(8)」

アグロエコロジーを評価する国連食料顧問

ビア・カンペシーナの主張は過激だが、二〇一〇年六月二一～二二日には、国連人権委員会もアグロエコロジーに関心を寄せ、国際会議「二〇五〇年のグローバルな食料ニーズを満たすためのアグロエコロジーの寄与」をブリュッセルで開催している。

「これが今、私どもが手にしている最善の選択肢です。それを使わない余裕はないのです」

そうまで主張し、会議を参集したのは、国連人権委員会の「食料に対する権利」の特別報告者オリビエ・デ・シュッター博士である(9)。特別報告者というと、日本では『世界の半分が飢えるのはなぜ』の著者ジャン・ジグレールが有名だが、デ・シュッター博士はその後任にあたる。そして、ミゲル・アルティエリ博士と同じく、緑の革命だけが解決策ではないとし、遺伝子組換えにも批判的だ(10)。

「現在、化学肥料や機械等、緑の革命モデルに大規模な投資がされています。ですが、土壌や水源を保護しつつ、食料生産や所得改善が可能なアグロエコロジーには、わずかしか関心が払われていません。一〇億人以上が飢えている中、早急にこの持続可能な技術を広めなければなりません[10]。アグロエコロジーは、作物だけを重視せず、植物をより大きな生態系の一部とみなしますが、遺伝子組換え技術は基本的に植物を環境から切り離します。しかも、数少ない企業が技術を所有し、知的所有権で保護された種子に農民たちを依存させます。事実、種子は、明らかにある一社に支配されています。モンサント社です。その値段はあまりに高すぎ、農民たちを借金に追い込むのです。これに対し、アグロエコロジーは、近代技術に依存しません。地力を高め、作物栽培に必要な投入資材を地元で生産し、農民たちが開発した技術を取り入れています。おまけに、こうした技術のすべてが、かなり生産性を高められることが立証されています。実験室で科学的に開発した技術を農民たちのニーズに考慮することなく頭ごなしに押し付けるのは、間違ったアプローチなのです[11]」

デ・シュータ博士が、アグロエコロジーを評価する背景には、開発途上地域五七カ国での三七〇〇万ヘクタールに及ぶ二八六プロジェクトの調査結果がある[9]。

「イギリスのエセックス大学のジュールス・プレティらが行った研究は、アグロエコロジーに転換すると、平均七九パーセント収量が増加したと結論づけています。信じられないほどの結果です[11]」

博士の呼びかけで、ブリュッセルに世界で最も著名な二五人のアグロエコロジーの専門家が集まったが、彼らがモデルとして評価したのは、アグロエコロジー政策を持つキューバとアグロエコロジーの教育に取り組むビア・カンペシーナだった(9)。

欧米農業史観を超えて

さて、アグロエコロジーや伝統農業を巡る最近の動きを紹介してきたが、これにはわけがある。クーハフカン課長は、開発途上国には、西欧で産まれた技術が先進モデルとして移転される傾向があると述べているが、同じことが明治開国以降の日本にもいえるのではないか、と思うからだ。例えば、日本の農業の教科書を紐解いてみよう。三圃式農業から、ノーフォーク農法、化学肥料の発明と欧米の農業発達史についてはこと細かく記載されている。だが、同じウェイトでラテンアメリカやアジアの農業開発史があるのかというと、日本語ではさほど見当たらない。世界最古の農業発祥の地のひとつとされるニューギニアでも、ラテンアメリカからのサツマイモ伝来に応じ、「マウンド農法」という斬新な技術革新がなされている。無農薬・無化学肥料で高収量の連作ができる優れ技だ（第四章第一節）。にもかかわらず、高地人たちの風俗習慣を文化人類学や民族学から紹介する書物はあっても、「有機農業」先進国としてニューギニアを紹介する本は、日本語ではあまりないのではないだろうか。有機農業では海外の事例では、イギリスのアルバート・ハワード卿の思想や技術が古典とされ、堆肥や輪作、有畜複合経営がまず登場する。だが、ハワード卿の農法はアジアとはいえ、牛が農業で大きな役割を果たす南アジアのインドをベースに作られている。豚や鶏が中心の東アジアでは、肥料は堆肥ではなく森林を焼く焼畑の灰でまかない、水田では連作を続け、タンパク質も家畜ではなく、水田で飼育する魚から得るのが伝統だった。ならば、東アジアの有機農業では、木灰、連作、水田漁撈がキーワードとならなければなるまい。堆肥づくりと輪作といった時点で、小麦栽培と家畜とがセットとなったヨーロッパ農法の技術思想の影響を知らず知らずに受けていることになる。

しかも、伝統的知識と西洋の近代知識の組み合わせにこそ解決策があるとするアセスメントの結論を反映するかのように、伝統農業を再評価して、組み直すことで地域再生に成功している事例がある。伝統農業やアグロエコロジーが世界的に評価されつつあるならば、同じく、日本も伝統に根ざした農法を再検討する時期に来ているのではないだろうか。もちろん、日本という風土にふさわしい農法がなんであるかという難題にはストレートには答えられないし、回答もないだろう。とはいえ、伝統的な農民たちが世界各地の与えられた環境の中でどのように地域資源を活用し、いかにして多様な農法を築き上げていったのかを見ることで、意外なヒントが得られるのではないだろうか。ではまずは、緑の革命の発祥の地、メキシコから、そうした事例を見ていくこととしよう。

伝統農法コラム1

なぜ秋になると山々は色づくのか――窒素とエネルギー

秋になると山々が深紅に染まるのは窒素が関係している。植物が光合成作用を行うには「ルビスコ」と呼ばれる酵素が欠かせないが、この酵素の原材料は窒素だ。だから、葉には、窒素が大量に含まれている。ところが、化学肥料を製造するのにエネルギーがかかるように、植物も窒素を固定するために、炭素固定の一〇倍ものエネルギーをかけている[1]。窒素固定を行うことではマメ科植物が有名だが、根粒内に棲息するリゾビウムやブラディリゾビウム菌もタダでは働かない。マメは根粒菌に窒素固定をさせるため、純光合成量の三～二五パーセントにもおよぶエネルギーを供給しているとの研究もある[2]。植物にとって窒素は大量のエネルギーを投資し、ようやくゲットした貴重な資源なのである。

さて、秋になり気温が下がると光合成効率が落ちるため、広葉樹は無駄になった葉を切り捨てるが、窒素は葉と一緒くたにして捨てるにはあまりに惜しい。本体に回収して翌年も再利用したほうが得ではないか。そこで、葉緑素が分解され回収作業が始まるが、むき出しとなったクロロフィルが光を浴びると励起状態となって周囲の酸素と反応し、細胞組織を破壊する有害な活性酸素が産み出される。この被害を防ぐにはクロロフィルに青色光があたらないようにすればよい。そこで、植物は葉緑素の分解作業と同時並行で、青色光をよく吸収する「アントシアニン」のカーテンを組織内に張り巡らす。このアントシアニンによって、葉にあたる太陽光のうち青色光が吸収されるようになると、葉から反射されて人の目に入る光の波長は赤色がメインとなる[1]。つまり、旅情をそそる秋の紅葉は、それまで働きに働いてきた葉のすべてをリストラし、有用な資源である窒素だけはしっかりと本体に回収するという広葉樹なりの冷徹な「経済学」の象徴でもあったのだ。

だが、この地球上のすべての樹木が「合理的植物」として、この窒素経済学に合致した行動をとっているわけではない。日本の広葉樹とは違う生き方をなぜか選んだ樹木も存在する。アフリカのスワヒリ族が「ムグンガ」と呼ぶ窒素固定樹木、アカシア（Faidherbia albida）がそれだ[3,4]。

今、アフリカは気候変動による旱魃に加え、生産性の低さから、多くの地域が食料危機に苦しめられている[3]。施肥量が他地域と比べわずか一〇パーセントほどしかなく、窒素が慢性的に不足しているためだが[3,4,6]、化学肥料の値段は高騰し、普通の農民にはとても手が出ない[3]。

だが、ナイロビにある国際アグロフォレストリー・センターのデニス・ギャリティー所長は、無化学肥料でも収量を三倍にできる農法があると言う[5,6]。実際、マラウィ共和国で行われた試験では、トウモロコシの収量が二八〇パーセントもアップしたし[3,4,5]、ザンビアでなされた研究でも、トウモロコシの平均収量がヘクタール当たり一・三トンから四・一トンに増えている[3,4,6]。エチオピアではソルガム、インドではピーナッツや綿でも同じくこの農法で収量が伸びている[4]。

無肥料でもこれほど収量がアップする理由は、前述したムグンガにある。窒素をたっぷりと含んだ葉を大地に落とすため、ただ木の下に種子を撒くだけで、無肥料でも収量がアップするのである。植物の成長には光が欠かせないから、普通は樹の下は日陰となって作物が育てられない。第Ⅱ章第3節で紹介するケスングアル農法のように人間が手をかけることが必要となる。だが、ムグンガはふつうの樹木とは違い奇妙な特性を持つ。デニス博士の説明を聞いてみよう[4,5]。

「農民たちが作物を栽培する季節には、落葉しているので光で競合しません[3,4,5]。そして、乾季が始まると再び葉を出します。他の植物が枯れている乾季に有機肥料や家畜飼料になる葉や莢を実らせるのです[4,5]」

なんとムグンガは、雨季の前半、農民たちが撒いた種子が窒素を必要とするまさにその時期に窒素を豊富に含む葉をわざわざ地表に落とすのだ[3]。成長も早く頑丈なうえ[4,5]、薬用にも役立ち、防風林ともなり、幹や枝は薪や建設資材として使え、根が土壌の浸透性を高めることで、雨季には土壌侵食も防ぐという[4,5,6]。

二〇〇九年八月、国際アグロフォレストリー・センターは、第二回世界アグロフォレストリー会議をナイロビで開催し、世界各地から一〇〇〇人以上の専門家が集まったが、ここで着目されたのが、ムグンガ農法だった[4,6]。

「モノカルチャー農業で、私たちは生態系に大きなダメージを与えています。食料不安を解消するためにも、アフリカはムグンガ等の『肥料の木』を植える持続的農業に戻らなければなりません」

会議の場でそう述べたのは、ケニアでグリーン・ベルト運動を創設し、ノーベル平和賞を受賞したワンガリ・マータイ博士だ[6]。

「ですが、この樹木についての知識は農民たちからもたらされたものなのです」

デニス・ギャリティー所長は言う[3]。

はるか昔からサヘル地域の農民たちはモロコシや粟畑に木を植えてきた。なぜ、農民たちが木を植えるのか。約六〇年前に科学者たちがこの姿を目にしたことから研究が始まり[3,4,6]、以来七

○○以上の論文が書かれてきた[4,5]。つまり、ムグンガ農法は科学者たちが新たに開発したわけではなく、長年、農民たちが用いてきた農法が再発見されただけだったのだ[3]。

それにしても、なんと奇体な樹木であろうか。日本の広葉樹とちがってエネルギー経済を度外視するムグンガの度量や驚嘆すべし。それを使いこなす伝統農法の妙技にこそ瞠目すべし。アフリカが化学肥料を使わずに自給するためのヒントは、すでに辺境の樹木とそれを活かした古代農法の中に眠っていたのである。

II

未来への遺産
マヤ、アステカ、アマゾン、インカ

滅び去りし古代文明が残せし幾多の大地への刻印。文献や遺跡を手がかりに考古学者たちがベールを剥いで見せたのは、マメ科作物の窒素固定、運河と農地が一体化した養分循環、アグロフォレストリー、炭と微生物を活用した人工土壌、微気候に配慮したテラス・灌漑網と、驚くほど洗練され、まさに「未来への遺産」ともいうべき農法群だった。蘇った古代農法を手に携えて今、人々は農業近代化で荒廃した大地を再生していく。

1 古代農法の復活で村を再生――ミルパ・ソラール

農業の近代化で村を捨てていく農民たち

「カンペシーノ（百姓）たちは仕事を求めて、この土地から去っていきました。村にいるのは年寄りばかりで、連綿と継承されてきた伝統知識を引き継ぐ者はもういないのです」

メキシコ、オアハカ州ミシュテカの古都ティラントンゴのカンペシーノ運動のリーダー、ヘスス・レオン・サントス氏は、伝統知識の喪失を嘆く。ミシュテカは「雲の人々の地」という意味を持ち、古代メキシコ文明が繁栄していた土地だ。だが、今は世界でも最も土壌侵食が深刻で、土地の八三パーセントはすでに農業ができないほど疲弊している(1、2)。

「メキシコの多くの農村は、木材や薪、水資源が欠乏しています。私が生まれ育った土地もそうで、私の家族や村人はあらゆる苦難を経験してきました。中でも農村住民を一番苦しめていたのは、土壌侵食で土地が不毛化していたことなのです(1)。そこで、一九五〇年代から近代農業化に向けた動きが始まったのです(2)」

ヘスス氏が言うように、政府は、化学肥料や農薬によるトウモロコシのモノカルチャーを推進してきた。だが、それがもたらしたのは、惨憺たる結果だった。推奨される高収量品種を栽培してはみたものの、地元の風土条件に適さないために収量が落ち、化学肥料や農薬代は跳ね上がり、収入が減った。化学肥料の過剰施肥で土壌が酸性化して地下水が汚染されれば、農薬散布で魚や川エビ等の食用昆虫も消えていく(3)。

さらに、一九九四年に北米自由貿易協定（ＮＡＦＴＡ）が実施されると、国境関税がなくなり、米国の補助金付き輸出農産物の大攻勢で国産の半値のトウモロコシがなだれ込む。トウモロコシ価格は、四五パーセントも下落して生産コストを割り込む。政府からの補助金はカットされ(2、3、4)、農民たちは、化学肥料や農薬はおろか、種子を買う資金すら失う。残されたのは荒れ地だけだった(2)。

メキシコといえば、緑の革命の発祥の地だ。近代農業は成果をあげたのではなかったか。米国のＮＧＯ、フード・ファーストのエリック・ホルト・ヒメネス代表が取材した現地の農民たちの声を抜粋してみよう。

「私らの農産物は値段が高く、非生産的だといわれます。ですが、これは、安値の農産物が輸入されているためなのです。一～二ヘクタールしか農地がなく、機械もなければ、カナダや米国とは競争できません。グローバル化で、私らはもっと貧しくなるでしょう」

「かつては、誰一人として村から出ていきませんでした。若者たちも村に残り、家族の手伝いをしていました。ですが、今は送金のために米国に出稼ぎにいっているのです。それは家族崩壊の始まりです。出稼ぎ先で悪事やドラッグに染まる若者もいれば、国境を越える際に命を落とす者さえいます」

「私らの地域では若者たちは多国籍企業に雇われています。ですが、ろくな教育しか受けていない若者には、雀の涙ほどの賃金しか支払われません。それで、毎日一二時間もこき使われています」

「以前は政府がよく支援してくれたものでした。ですが、今は州政府も連邦政府も何もしてくれません。それがグローバリゼーションがもたらした結果なのです。緑の革命もグローバリゼーションの一部です。誰がその技術を作っているのでしょう。多国籍企業です。モンサント、バイエル、ノバルティス……連中はいたる所にいます。初めは情報がありませんでしたから、技術を取り入れました。ですが、今となっては、多国籍企業の製品で農村は救われるどころか、私らの土地、私らの家族が台無しにされたんです(5)」

今、メキシコ農村部には一二〇〇万人もの先住民族が暮らしている。だが、その九三パーセントは貧困状態におかれている。出稼ぎをしなければ生活が成り立たず、何百万人もが豊かな生活にあこがれて米国へと移住していった。村に残って農地にしがみついているのは、女性や子ども、老人だけだ。労働力が減れば、農業も伝統農法も維持できない(3)。原産地であるにもかかわらず、トウモロコシも自給できない。輸入量が一二倍となり、二五パーセント以上が外国産となった(4)。栄養的にもバランスがとれていた豊かな伝統食は、米国からの輸入トウモロコシやジャンクフードに変わった。[3] そして、米国は、モンサント社の遺伝子組換えトウモロコシを用いるよう政府に圧力をかけ、トウモロコシの在来品種を汚染していく。[5、6]

世界で最も進んだ農法　ミルパ・ソラール

こうした社会情勢を背景に、ヘスス氏は、荒廃した大地を蘇らせるため、環境保護や持続的農業に関心を持つ農民たちとともに「メキシコ農民総合開発センター」を立ち上げるが、その際、氏が着目したのが古代農法だった。

「私たちの救いとなったのは、『ミルパ』でした。トウモロコシ、マメ、カボチャ、ハーブ等の様々な作物を同じ畑に一緒に植えるのです。[1、2] ミルパは、私たちの先祖が用いてきた古代農法で、[2] 今もメキシコや中米で多くの先住民たちが実践しています。[1] ですが、その知識はほとんど忘れられ、近代的なモノカルチャーへと変わりました。そこで化学肥料等、外部資源に依存しなければならなくなり、それが村を脆弱化させたのです[2]」

ヘスス氏が再評価する「ミルパ」は、世界農業遺産の候補にもあがり、「世界で最も発展した農業システム」「おそらくこれまで人類が創造した中でも、最も成功した発明品のひとつ」とまでＦＡＯが絶賛する農法だ。[6]

スペイン人たちがやってくる以前からメキシコや中米で行われてきた農法で[3]、今もマヤ族の農民たちは、焼畑農業を行いながら、狭い畑でミルパを用いて自給している[7]。

除草や収穫は手作業だから、その面だけ見れば原始的な農法だ。だが、ミルパに匹敵するほど生産的で、かつ、持続可能な有機農法は、世界のそれ以外の地域でもほとんど見られないという[6]。なぜ、無農薬・無化学肥料でも収量が高いのか。農法のしくみをアグロエコロジーの目で再確認してみよう。

まず、ミルパは、「スリー・シスターズ」と称されるように[6]、トウモロコシ、リママメ、カボチャを混作する[3,7]。シシトウ等の野菜や[7]、アマランサス、薬草、ケリテス（quelites、アンデス産アカザ科穀類）と称される食用雑草を一緒に植えることもある[6]。

リママメとは、ペルーの首都リマにちなんで命名された白インゲンだ。このマメが窒素固定を行うおかげで、化学肥料はいらない[7]。

混作で栽培される作物は、栄養学的に見てもバランスがとれ、優れている。例えば、トウモロコシは、タンパク質やナイアシンを合成するのに必要なアミノ酸、リジンやトリプトファンを欠いている。だが、マメは、このリジンやトリプトファンが豊富で、カボチャにはビタミンが含まれる[6]。

二番目のポイントは、焼畑農法で二年ほど輪作した後に、地力が回復し、自然植生が更新されるよう八年もの長い休閑期を設けていることだ。この休閑も無駄にはならない。休閑地では豊かな生物多様性が保全され、野鳥や小型哺乳類の生息地となる。そこで、狩猟される動物も食料源となるし、養蜂もできる。そして、森林が育てば、薪炭や建設用の木材等、村に必要な物資も得られる[7]。トウモロコシ生産だけに着目すれば、モノカルチャーのほうが生産性が高いが、トータルとしての土地からの恵みはミルパのほうが多いのだ[3]。ヘスス氏はその点を強調する。

「メキシコ北部のシナロア州のモノカルチャー農場では、機械や化学資材に多額の投資を行い、ヘクタール当たり八トンもトウモロコシが生産されています。ミルパはこれほど生産できませんが、ヘクタールあたり一・八トンのトウモロコシは得られます。さして投資もなしに、緑肥や在来品種だけで、マメ、カボチャ等なんでももたらします。多少は販売できるだけの余剰もあります。遺伝子組換え種子とは違って、在来種子は、何世紀にもわたって食料をもたらし続け、土地の気候にも馴染んでいるのです[2]」

二万種ものトウモロコシを保全

この土地との馴染みというのは重要な指摘だ。ミルパでは混作が行われているだけでなく、作物そのものも多様性が格段に豊かだ。たいがいトウモロコシでは一五種類、マメは五種類、カボチャは三種類、シシトウも数種類が栽培されている[3]。メキシコや中米には、トウモロコシが二万種以上あり、メキシコ南部と中央部だけでも、約五〇〇〇種が特定されているが[6]、これほど多くの品種があるのは、多様な環境に対応させるために、長い歳月をかけ、種子選抜や種子交換を通じて育種がされてきたからだ[3]。メキシコの環境は複雑で、気温も土壌も降雨等も土地柄によって違う[6]。オアハカ州のある村では、二六種ものトウモロコシが栽培されていたが、研究者たちはそこに一七もの異なる微環境を特定した[6]。トウモロコシの原種は、メキシコからグアテマラにかけ自生していたテオシンテといわれるが、このテシオンテもミルパによって残されてきた。メキシコは、植物遺伝子でも世界最大級の多様性の宝庫だが、この貴重な遺伝資源はミルパによって保存されてきたのだ。とはいえ、品種の原産地、実験の場であると同時に、ミルパは楽しみや暮らしの場でもあった。カンペシーノたちは、「ソラール」と呼ぶ家庭菜園が、自分たちの暮らしの基盤であることを熟知していたから、神に祈り感謝しつつ[3]、近代的なハイブリッド品種や遺伝子組換え種子よりも、ずっと健康的で病害虫への耐性もある多様な在来品種を作り出してきたのである[6]。

例えば、プエブラ州の農民たちは、国際トウモロコシ小麦改善センターや政府が提供する品種よりも優れ、土地柄にあった在来品種を七〇〇〇年もトウモロコシを栽培し続ける中で作り上げてきた。カボチャやマメと混作すると、病気も出ない。この在来品種は穂が下に折れ曲がり、穂先が垂れる。下を向くトウモロコシとはなんとも奇妙に思えるが、下を向くことで種子が雨にあたらず、穂を付けたまま圃場で天日干ししたほうが、貯蔵乾燥するよりも、ネズミや鳥に食われることが少なく、貯蔵時の劣化も防げる。グアテマラでこのトウモロコシを調べた研究によれば、普通は平均一四・五パーセントも病気が出るのに対し、一・〇パーセントしか出なかったという[8]。

雑草だらけのトウモロコシ畑

伝統農法の収穫前の畑の姿も、温帯のコーンベルトで見られる風景とはいささか違う。畑が雑草だらけなのだ。だが、これも意味がある。メキシコの科学者たちの調査によれば、農民たちは約九〇日間も畑を草だらけにしているが、それは、除草をしても収量差がさしてなく、雑草が畑にあれば、風や水による土壌侵食も少なく、雑草が乾季の家畜飼料になるためだという[8]。

ミゲル・アルティエリ教授も、ある国際農業開発プロジェクトでグアテマラに出かけた時に同じ雑草だらけの風景を目にし、そのエピソードを次のように披露している。

「訪れたトウモロコシ畑は雑草だらけで、トウモロコシよりも高く生い茂っていました。その様を目にしたある米国の農学者は、生産性の低さに驚き、『こうすれば、君らはもっと生産性をあげられるだろう』と、アイオワ州の栽培方法を指導してみせたのです。ですが、そのアドバイスを聞いていた一人の農民はこう感想を述べたのです。

『なるほどね。けれど家畜の餌はどうしているのかね』

『なに、家畜?』

その研究者は驚きました。アイオワ州のトウモロコシ畑には家畜はいないし、穀物だけを栽培しているからです。

『私たちは、ずっとこうしてきたがね。作物の間の雑草は家畜の餌になるのでね』

雑草は丘陵地の土壌も保全していました。開発途上国の小規模な農民たちは、数多くの作物を栽培し、家畜も育て、樹木も植えていますから、面積当たり収量には関心がありませんでした。一種類の作物の生産性ではなく、農場全体の生産力を高めることが重要なのです。ですが、西洋の農学者たちは、一面的なものの見方でしか農業を理解できないように訓練されているので、それを遅れたものとして無視してきたのです[4]」

ミルパで栽培されるトウモロコシの残渣や雑草は、家禽類や牛の餌となり、卵やミルクに変わる。しかも、近代的な酪農では気候変動の要因となる二酸化炭素やメタンが発生するが、最近の研究によれば、ナデシコ科のDrymaria laxiflora Benth等のミルパで栽培される雑草は、牛のルーメン内での飼料醗酵効率を高め、二酸化炭素やメタン発生量を減らすという。ミルパは間接的に気候変動防止にも寄与している[3]。

おまけに、エフライム・エルナンデス・ショロコチ教授[注1]は、メキシコのトウモロコシ畑にある約四〇種もの雑草は、食用にもなっていると指摘している。事実、中にはわざわざ種を蒔く雑草さえあるのだ[8]。西洋の概念では、栽培する作物と野草や雑草は明確に分類されているが[9]、タバスコ州の伝統的な農民たちには、「よい植物」「悪い植物」という概念はあっても、「雑草」というボキャブラリーがない。米国カリフォルニア大学サンタクルーズ校のアグロエコロジーの研究者、ステファン・グリースマン教授は、同じ植物が、ある時には雑草になり、別の時にはならなかったりすると指摘している。[8] メキシコ北東部の沿岸地域に居住するワステカ族たちの概念も同じで、狩猟採集に加え、焼畑農業とミルパで栽培するトウモロコシやタピオカを食料にしているが、おかれた状況や季節によって、同じ植物が、「雑草」になったり、ならなかったりする。何世紀もかけ、生態系全体に手を加えることで、森林と密接に関わってきたワステカ族たちは、植物を単体としてではなく、生態系を構成する全要素の一部として認識していたのである。[9]

古代水路の復活で土壌侵食を防ぐ

これほど優れたミルパ農法だが、ヘスス氏がミシュテカで成功を収めるには、克服しなければならないネックがいくつかあった。そのひとつが冒頭でもふれた土壌侵食だ。そして、この課題解決のために用いられたのが、やはり別の古代技術だった。[2]

「傾斜地での土壌侵食を防ぎ、灌漑用水を確保するために、私たちは『傾斜の水路』と呼ばれる技術を開発しています。これもミルパと同じく、スペイン人たちがやってくる以前から先住民が用いてきた古代技術なのです[1、2]」

この技術はトラスカラ州に今もある。同州の冬の降水量は三〇ミリにすぎないが、五~九月の雨季には約四〇〇ミリほど雨が降る。平均標高が二二三〇mあり、谷も深く、地形が複雑なために集中豪雨も多発する。急斜面で作物を栽培すると土壌侵食が起きてしまう[7]。このため、先住民たちは、テラス、水路、そして、「カヘーテ」と称される小さな土製の貯水池からなるシステムを産み出してきた。農法のしくみを見てみよう。

まず、テラスの上では、混作や輪作、休閑を行い、農地の多様性を維持する。畑の境にも薬用植物や果樹、燃料や飼料用に使える樹木を植える。樹木は、テラスを安定させ、防風林としても機能し、これでかなり土壌侵食が防げる[10]。豪雨があってもテラスで流速が弱められるし、溢れた流水もカヘーテに溜まる。雨が降り終われば、ゆっくりと地下浸透していく。こうして、水資源の保全と灌漑が可能となる。カヘーテには、畑から侵食された土壌や畑の境に植えられた木の落ち葉も溜まるから、定期的に中をさらい、溜まった土を畑に戻すことで、養分の流失も防げる[10,11]。考古学の資料からは、カヘーテは紀元前一〇〇〇年から活用されてきた持続可能な技術であったことがわかっている[12]。とはいえ、今、カヘーテは、ほとんど維持できず活用されなくなっている。政府の近代化プロジェクトで、トラスカラ州にトラクタが導入されると、たちどころに土壌侵食が増加し、カヘーテや複雑な水路網も埋まった[11]。その理由は簡単だ。伝統農法は、化石燃料や化学肥料に頼らないかわりに、人力を活用することで、有機物や養分を循環させ、資源を維持してきた。だから、水路やカヘーテを維持し、溜まった土砂をテラスに客土する作業には流域内の農民たち全員の参加が求められていた。カヘーテで最も重大なことは、農法や水理工学もさることながら、システムを維持する社会制度だった[10]。多くの若者たちが、高賃金を求めて都市に流出すれば、カヘーテを維持する労力も当然確保できなくなる。[11] ヘスス氏は、そこにも着目した。
「先住民たちには、持続可能なシステムの知識や能力がありました。例えば、作業を組織化し、集団として利益を得る『テキオ』というやり方です。コミュニティは公益のために働くのです。このテキオを用いて、何千本もの樹木を植林し、何百㎞もの灌漑用水路を建設し、環境を改善してきたのです。[2] 近代農業を行う人々は、先住民たちの取り組みを古臭いと言います。にもかかわらず、こうした実践は、資源を少ししか使わず、汚染もせずに農業を改善させる一助となっているのです」[1]
メキシコ農民総合開発センターは、一九八九年以来、九つのコミュニティで数百人もの農民たちを組織化することに成功した。在来種の再植林が始まり、エル・プログレソでは、全住民の八割が参加して一〇〇ヘクタールの劣化した土地を回復し、エル・カルメンでは、二〇〇三年には四万本、二〇〇四年には七万本を植樹した。[12] 過去五年で一〇〇万本以上の在来樹が植林され、一〇〇〇ヘクタールが森林に戻った。[1,2]
土壌を保全し、帯水層を再涵養するため、丘陵地では等高線に沿って溝が掘られ、ガリ侵食が進んだ地域では、土を止めるダムも建設される。[12] 五㎞の「傾斜の水路」は八〇万リットルもの集中豪雨をキャッチできることも示された。[2] 溝は雨水の八〇パーセントを溜めて地下浸透させ、結果として、帯水層を再涵養することになる。[12] センターは、何百もの傾斜水路を構築するため、地元の農民たちと協働しているが、今では、環境自然資源庁等の政府機関も価値を認め、推進しているという。[2] 伝統的なミルパ農法も復活し、トウモロコシのモノカルチャー畑は多様化され、地元で発生する廃棄物やバイオマスを用い、ミミズ堆肥づくりも始まった[12]。

一〇〇〇の言葉よりもひとつの実践が人々を説得する

もちろん、ヘスス氏が、伝統農法を用いるように人々を説得することは容易ではなかった。

「例えば、樹木は成長するのに何年もかかります。『なぜ、すぐに利用できないものを植えるのか』と以前はまず言われたものです。そこで、私たちは『長年利用する資源の多くは成長するには何年もかかるものだし、将来の世代のためにそれを植えることが重要だ』と説明しました。ですが、農民たちを説得するうえで本当に役立ったのは事例を示したことです。私を含め、数家族の土地が改善されたのを目にした時、彼らは私たちがやったことを真似し始め、経験が広まり始めたのです。ですから、私たちは、今『一〇〇〇以上の言葉より、ひとつの事例が説得する』というキャッチ・フレーズを使っています」

二五年以上にわたるヘスス氏たちの努力は成功した。荒廃していたミシュテカは大きく変わりつつある。二五~三〇パーセントしか耕せなかった地域で、今は八〇パーセントが耕作されている。農業生産も五〇パーセントアップした。コミュニティが潤えば、離村者も減る。

「私にとって一番大切なことは、この半砂漠状態にあった土地が、住民や次世代が長生きできる場所へと少しずつ変わっていることなのです。私たちは、自分たちのことだけではなく、何世代も先のことを考えるべきです。未来の子どもたちにもこの惑星の資源を享受する権利があるのです。この地球上にあるものすべてを破壊する時、私たちは、子どもや孫たちの未来を破壊していることにもなるのです。経済的に儲かるよりも、新たな命につながる自然を財産として残すほうがよほどよいのです。そして、コミュニティの環境を改善するために闘ったのは私だけではありません。多くの人々がこれに参加しました。私たちミシュテカ族は、意志、技術、そして、知識があれば、破壊された環境を復元できることを立証し、世界に示せているのです[1]」

ヘスス氏は、二〇〇八年にその環境保護の努力が評価され、ゴールドマン環境保護賞を受賞している[1、2]。

2 巨大都市を養う水上菜園

湖上に浮かぶ巨大都市

現在のメキシコ・シティは、古代アステカ帝国の首都、テノチティトランの上に築かれている。メキシコという国名そのものが、かつてこの地に人口一一〇〇万人もの巨大帝国を築き上げたアステカに由来する。アステカ族たちは、自らを「メシカ」と名乗っていた。このメシカがスペイン語なまりで「メヒカ」となり、英語読みでメキシコとなったのだ。

テノチティトランはテスココ湖に浮かぶ島の上に築かれた水上都市だった。首都建設が着手されたのは一三二五年のことだが、その後、アステカは、壮大な神殿や何十もの塔等の巨大建築物を築き上げていく。征服者エルナン・コルテスの配下で『メキシコ征服記』を書いたベルナール・ディアス・デル・カスティージョは、その壮麗さに茫然とし、「これほどの都市は世界中探しても見つかったためしがない」と絶賛している。[1]

残虐な生贄の儀式を繰り返し、強大な軍事力を誇っていたアステカは、なぜ滅びたのか。それは、スペイン人たちが持ち込んだ天然痘にある。ジャレド・ダイアモンド教授の『銃・病原菌・鉄』は明確に解き明かす。[2]だが、ふと別の疑問も浮かぶ。メキシコ・シティの標高は二二〇〇ｍもあって、東京都の最高峰二〇一七ｍの雲取山よりも高い。ベトナムとほぼ同じ北緯にありながら、気温が一八〜二四度と涼しいのもそのためだ。だが、人間にとっては快適でも涼しさは作物に不利に働く。[3]メキシコ盆地は、降雨も不規則ならば、霜害も発生し、土地も痩せていて農業を行うには制約が多い。[4]おまけに、メキシコ北部にいたアステカ族が、メキシコ盆地へと流れついたのは一三世紀も後半のことだが、条件のよい土地には先住者がすでにいた。[1]彼らが手にできたのは、誰も望みもしない一六㎢ほどの湿地帯の小島だけだった。[1、5]ところが、その後スペイン人たちがやってきた時には、テノチティトランは二〇万〜三〇万人もの人口を抱えていたし、トラテロルコ市場はセビリアの二倍もあり、毎日二万人、五日ごとに開かれる特別な市は六万人以上の消費者や商人で溢れかえっていた[1,6]。おまけに、ほとんどの都市住民が農民ではなかった。当時は、化学肥料も農薬もなかったはずだ。なぜこれだけの都市住民を養い、かつ、繁栄できたのだろうか[6]。

その秘密は、世界農業遺産の候補にもなっている「チナンパス」と呼ばれる「水上菜園」にある[7]。マヤ文明を支えたのは前節で紹介したミルパ農法だったが、ジャレド・ダイアモンド教授は、「チナンパス」はミルパよりもさらに集約的で生産性が高かったと指摘する[8]。ミシガン大学人類学博物館のジェフリー・パーソンズ教授は、効率的な都市農業、チナンパスによって、三毛作が可能となり、都市が消費する食料の半分から三分の二を生産していたと指摘する[4,6]。この高い生産力が、アステカが強大な帝国へと発展できた一因ともされるのだ[9]。

当時のメキシコ盆地には、南側にはショチミルコ湖やチャルコ湖、中央部にはテスココ湖、北側にはスムパンゴ湖やシャルトカン湖等の浅い湖や沼沢地が広がっていた[7]。そして、考古学的な調査からは、南側にある湖の周囲二万ヘクタールがチナンパスに転換されていたことがわかっている[4,7]。アステカを滅ぼしたスペイン人たちは、テノチティトランだけでなく、チナンパスも完全に破壊した[10]。湖や沼沢地は、ほぼ完全に埋め立てられて都市化が進み、今は観光名所「ショチミルコの水上菜園」等約二三〇〇ヘクタールしか残されていない[4,7]。とはいえ、考古学や民族学の資料を読み解けば、どのような技術でチナンパパスが構築され、どのような農法でどのような作物が栽培されていたのかがわかる。[4] 農法のしくみをアグロエコロジーの目で再確認してみよう。

運河と一体となった循環農法

チナンパスは、トウモロコシ、マメ、カボチャ、シシトウ、キャッサバ、トウモロコシ、マメ、アマランサス、ヒトマテ（オオブドウホオズキ）、チアシード（サルビア、ヒスパニカ）、チャヨテ（ハヤトウリ）、チヤカヨーテ（瓜の一種）等を混作し、同時に、パパイア、メキシコ・チェリー等の果樹やウチワサボテン、食用ハーブ、籠作りや織物に使う草を栽培する。混作という点ではミルパと変わらない。だが、休閑期がほとんどなく、年に三〜四作物を連作できる点が違う。[7、11]

誰も住まない湿地帯であったテスココ湖で、アステカ族が行ったのは、浅瀬を埋め立て、「人工島」を築き上げることだった。土塁の側面は木の枝や柳を植えて補強し、周囲の水位よりも〇・五〜〇・七mも高く盛土する。幅二・五〜一〇m、長さ二〇〜四〇m、最長一〇〇mもの盛土農地は「アメジョネス」と呼ばれた。[4、7、11] 集約的な連作が可能な秘密は、アメジョネスと取り囲む運河「ザンハス」の組み合わせにある。[10] 高畝では農産物が生産できる。この生産物や廃棄物を餌に、ブタ、鶏、アヒル等の家畜も飼育される。そして、厩肥もリサイクルされる。とはいえ、養分の一部はどうしても流出する。だが、周囲の運河がこの養分をキャッチする貯水池として機能する。[7、11] 水中の養分を吸収し、運河ではホテイアオイが乾物で日にヘクタール当たり最大九〇〇〇キロも育つ。[11] 土が崩れないよう島の周囲にはハンノキ等の窒素固定樹木も植えられているが、それも肥料源となる。ちなみに、トラスカラ州で今も行われているチナンパス農法を調べたところ、一～四年ごとに深さ一mの運河を浚渫することで、ヘクタール当たり窒素が一〇〇〇キロ、リンが一〇キロ、カリ一二〇キロの養分が得られていた。[10] つまり、運河で育つ水性植物や運河や湖底に溜まった養分に富む泥、動植物の分解物を肥料源として活用したり、泥水を灌漑用水として使うことで、比較的少量の厩肥だけでも地力が維持できたのだ。[4、7、11]

二つ目の特徴は、「アルマシガス」と呼ばれる苗床にある。[11] 養分に富む泥で準備した苗床に種子を播種し、発芽した苗のうち根張りがよい健康な苗だけを選ぶ。この苗を定植することで、[4、9] 作物が収穫される前には、すでに次の作付が準備でき、間をおかない連作を可能としていた。[7、11]

病害防除の面でもチナンパスにはメリットがある。近代農業ではセンチュウが引き起こす連作障害が問題となるが、チナンパスではなぜかその被害が少ない。なぜなのか。その理由を解き明かそうと生育箱試験で比較した研究がある。するとチナンパス土壌からは、センチュウ拮抗性のある九種類もの有機体が分離された。

また、農作物の根や地下茎を腐らせる根腐れ病というやっかいな病気もある。原因はピシウム腐敗病菌という土壌病菌で、これも人工接種を試みた研究がある。すると、やはりチナンパスの土壌では病気が発生しなかった。なぜなのか。その理由を調べてみると、有機物やカルシウム、カリウムほかのミネラルを多く含むチナンパス土壌では、トリコデルマ菌、シュードモナス菌、フザリウム菌等の活動が活発なことがわかった。センチュウと同じように、拮抗菌が病菌を抑えてしまったのである(9)。

だが、チナンパスのメリットはこれにとどまらない。高畝栽培といっても、地下水位は地表面からさほど離れていない。運河の水は毛管現象で浸透し、根圏は常時、水分が保たれる(4、7、11)。たとえ、渇水期に水位が低下しても、畝幅は狭い。水路をカヌーで移動することで(11)、運河から灌漑することができたし(4、11)、運河は微気候も調整する。夜間に気温が低下し(7)、霜が発生する可能性を低める(4)。

こうした複合的機能によって、通常のジャガイモ収量がヘクタール当たり一〜四トン、トウモロコシが二・六〜四トンであるのに対し、チナンパスでは、それぞれ、八〜一四トン、三・五〜六トンもの収量が得られ、ヘクタール当たり一五〜二〇人の人口を養えた(7)。おまけに、運河では、魚やイモリが養殖され、水鳥すら飼育されていたのである(7、11)。

都市問題の解決策は過去にある

今もチナンパスは、メキシコ・シティの観葉植物の四五パーセントを生産している(7)。都市から発生する有機廃棄物を活用し、近代農業より環境負荷も低い(3)。アグロエコロジーの大家、カリフォルニア大学・サンタクルース校のステファン・グリースマン教授も、持続可能に食料を生産できる農法として評価する(4)。ところが、メキシコ農政は、いまだに大規模・集約型のモノカルチャーを推進しているため、

評価されない。このままでは失われる懸念が高い農法として、世界農業遺産が候補にあげた理由もそこにある。(7)

また、農業とは全く別の切り口から、チナンパスに着目する動きもある。本章第一節で述べたように、農村では暮らしていけない貧しい農民たちは都市へと流出する。結果として、メキシコ・シティは、二〇〇〇万人もの人口を抱える世界有数の巨大都市へと膨れ上がった。大気汚染、給水、ゴミ問題等、多くの環境問題にも直面し、どう見ても持続可能ではない。(3) そこで、メキシコ州立自治大学建築学部のホルヘ・ディアス・テハダ教授は都市問題の解決策、都市計画の面からチナンパスに関心をよせる。例えば、メキシコ・シティが抱える大問題のひとつに自動車による交通渋滞があるが、(3) アステカの運河は、流通網としても機能していた。市場への生産物のほとんどは、運河によって容易に市場に輸送することができた。(6)

加えて、アステカ時代は人糞尿も活用されていた。(9) 都市から発生する廃棄物を循環させることで、テノチティトランは健康な都市環境を維持していた。排水処理問題に対応するため、二〇〇六年に報告されたある実験研究もチナンパス農法で活用されたのと同じ処理方法を用いている。(6)

なればこそ、ディアス教授は、次のように主張する。

歴史的に見れば、チナンパスは、先史時代、植民時代、そして、独立後も人々を養ってきた生産方法の生き証人だ。農業的に見れば、最も生産的で持続可能な農法の代表だし、経済的に効率的なだけでなく、周辺環境にもマイナスの影響がない生産方法だった。エネルギーや物質のフローで見れば、見事に「動的平衡」状態を維持している。そのアプローチは、現在のパーマカルチャーに匹敵する。だが、皮肉なことに、エコロジー的、社会的、経済的に効率的だった先例を活かすことなく、メキシコ・シティはそれとは全く無関係の世界一の巨大な都市へと変貌してしまった。将来の都市計画のためには、古代に戻るべきなのだ。

チナンパス農業がいつどこで誕生し、発展したのかは、ほとんどわかっていない(4)。同様の農法がユカタン半島の低地やスリナムの湿地帯、ペルーやボリビアのチチカカ湖でも発見されていることから、その起源がアステカにないことだけは確かだ(7)。チナンパス農業が紀元前一四〇〇年前後に始まったと示唆する研究者もいる(4)。

メキシコには太陽と月のピラミッドで知られる一世紀の古代都市テオティワカンもある。テオティワカンも二五万人もの人口を抱えていたが、その食料を提供していたのもチナンパスだったという(10)。化学肥料も農薬もない時代に、巨大文明が存在できたのは、それを支えるだけの持続可能な農法が確立されていたからなのである(7)。

3 森の中で作物を育てる

ハリケーンの被害が出ない古代農法

一九九八年一〇月、中米地域は二〇世紀最大とされるハリケーン・ミッチの襲来を受けていた。降雨量は二〇〇〇㎜にも達し、いくつかの地域では作物や家畜が大きな被害を受けた。山腹からは表土が失われ、土砂崩れや地滑りがビル、道路、橋梁を押し流し、河川から溢れた土砂が都市にも流れ込んだ。死者は一万人以上に及び三〇〇万人が住宅を失い、転居を強いられた(1)。中でも最も被害が大きかったホンジュラスでは、鉄砲水や一〇〇万カ所以上の地滑りで、農作物はほぼ壊滅状態となった。だが、FAOのイアン・シェリット氏は、これが天災ではないと言う。

「ホンジュラスは国土の八〇パーセントが丘陵地ですが、多くの森が破壊され続けてきました。土壌の劣化で、豪雨に脆弱になっていたのです。ですから、これは人災なのです」

首都郊外の丘陵地には地滑りの傷跡が残るが、遠方ではトウモロコシを栽培するため農民たちが森を焼く煙が見える。これが、被害を大きくした理由なのだ。ところが、ハリケーンの直撃を受けながら、奇妙なことに減収しなかった地区がある。西部の最僻地レンピーア州だ。この地に住むレンカ族は、スペイン人たちに最後まで抵抗したことで知られる先住民だが、そこには古代からの伝統農法が残されていた。もちろん消え去る寸前にあったが[2]、一九九〇年代前半にFAOが立ち上げたプロジェクトによって息を吹き返していた。レンピーア州は古代農法のおかげで被害を防げたともいえるだろう[3]。

おまけに、古代農法はハリケーン以外にも威力を発揮する。一九九七年にはエル・ニーニョの影響で深刻な旱魃が発生するが、伝統農法を復活させた地区は損失がずっと少なかった[4]。農業の専門家、カルロス・セラヤ氏はこう皮肉をこめる[2]。

「エル・ニーニョやハリケーンのような異常気象は、私たちには最高の友人なのです。伝統農法に取り組んでいない人々は生産物を失いましたが、伝統農法を実践する農民が多くの農産物を手にしていることを目にしたからです」

セラヤ氏の指摘どおり、伝統農法に取り組む地域は、エル・ニーニョの後に倍増したし[2]、ハリケーンの被害も少なかったことから、その対応策としても広まり続けている[2、4]。

いのちが蘇ったホンジュラスの丘陵

「以前は、この地区全体が希望を断たれていました。収穫期の数カ月前には、食料が不足し、人々は食べ物を探し求めていました。焼畑農法は最初の数年はうまくいきますが、その後は土壌が川にすべて流されてしまうのです。ですが、今は新技術で土地は回復しています」

そう語るビルヒリオ・レジェス氏は、FAOのプロジェクトが始まると、さっそく〇・八ヘクタールほどの農地で一九九三年から古代農法を取り入れた一人だ。今では家族用の食料や薪、家畜飼料が自給できているだけでなく、収益もあげている(2)。

だが、二〇年前は違っていた。焼畑農業で、土地が劣化し、収量も落ち、農民たちは水不足にも悩まされていた。だが、レンカ族の伝統農法は違った。同じ土地で一〇〜一二年も続けて生産でき、地力も維持されるどころか、時の経過とともに向上さえしていく(4)。おまけに収量も高い。伝統農法を取り入れたところ、過去一〇年で、ヘクタール当たりトウモロコシは一二〇〇〜二五〇〇キロ、マメは三二五〜八〇〇キロと収量が倍増した(5)。自家消費分がまかなえれば、余剰農産物を売るゆとりも出てくる。

農民たちは、野菜や果実等付加価値が高い作物を栽培し始め、鶏やブタも飼い始めた(3)。肥料ほかの投入資材の共同購入グループも結成し、家庭菜園で食生活も改善された。深刻な水不足に悩まされることもなくなり、飲料水の水質もアップする(4)。今、伝統農法に取り組んでいるのは六〇〇〇人ほどで(3、4、5)、栽培面積は七〇〇〇ヘクタール強だが(5)、約六万ヘクタールの二次林も天然更新され(4)、森の再生とともに、鳥、昆虫や野草や花も戻ってきたのである(2)。

コロンビアにある国際熱帯農業センターで、伝統農法を研究するアラセレイ・カストロさんは、伝統農法の成果は村の暮らし全般に及ぶと指摘する。

「農民たちに農法のメリットを尋ねてみれば、様々な答えが返ってくることでしょう。多くの水、食の改善。村人たちはずっと健康になり、子どもたちも教育を受けられるようになり、天然資源の保全さえ心がけているのです[4]」

レンカ族の伝統農法は、正式には「ケスングアル焼畑アグロフォレストリー・システム」として知られる。ケスングアルとは、土壌、植物、そして、流れを意味する先住民たちの言葉で[4]、ホンジュラス南西部にある先住民たちの村の名前でもある。農法が最初に特定された村の名を尊重し、村の名が付けられたのだ[3,4]。

では、ケスングアル農法は通常の焼畑農業とどこが違い、なぜ、高収量で、かつ、持続性があるのだろうか。ここで少しだけ、焼畑農法についておさらいをしておこう。

焼畑農業は人口密度が低く、痩せた土地には適した農法で[6]、今も世界各地で行われている。だが、最初の数年は収量が高くても[7]、作付を続けると養分が減り、雑草や害虫も侵入し始めるため、作物を栽培しにくくなっていく[6]。そこで、最大でも五回ほど作付けた後は[6]、畑を放棄し、別の森を切り開く。放棄された畑は、数年〜数十年は休閑される。休閑期が十分あれば、地力も回復し、サイクルはほぼ無限に繰り返すことが可能だし[6,7]、伝統的な焼畑農業の多くは不耕起栽培だから、機械で開墾されるよりも土壌侵食が少ない。土壌がむき出しにされる期間も数週間と短く、大きな樹木も畑に残される。焼け残った木の残骸や炭や灰、そして、生きた木の根やリターが表土をしっかりと固定して、土壌侵食を防いでいく。森を焼いた後では土壌の透水性が高まり、流出水が減ることすらある(8)。

つまり、人口圧がその土地の環境容量を超えない限りは、焼畑農業は、自然とのバランスがとれた優れた農法なのである(7)。本章第一節でミルパ農法も八年の休閑があると述べた。だが、問題は、「超えない限りは」と条件付きである点だ。一九五七年時点では、世界では約二億人が焼畑農業に従事していたが、三〇年後の八七年にはこれが三億人に増えている。人口増加で焼畑に使える土地が減れば、休閑期も短くなり、それが、土壌侵食を引き起こす。現在の短周期の焼畑農業は、持続可能な農業とは、とうてい言えない(5)。ホンジュラスでもそれが起きた(4)。


ところが、ケスングアル農法は、中米の高地でふつうに行われている焼畑農業とは違い(3、5)、木を切り倒さず、燃やしもせず、耕しもしない(2、4)。

まず、一年目は、ソルガムやマメをマルチ用に播種する。そして、その後にメインの作物としてトウモロコシ等を育てる(8)。だが、それも混作で、マメ、トウモロコシ、ソルガム、アワ、牧草、そして、価値のある果実や野菜も一緒に植えていく。耕さずに作物が直播され、焼畑もしないから、表土は恒久的にカバーされ、二次林が再生されていく(3、5)。日が差し込まなければ作物は育てられない。だから、日陰とならず、食用作物や飼料作物が養分の競争に負けないように年に二〜三度、慎重に樹木を剪定する(2、4)。幹や太い枝は薪や材木に使い、自然植生を保ちながら、切り落とした細い枝葉や古いトウモロコシの残渣を肥料としてスポット的に追肥していく[4]。

村を取り囲む畑は急斜面で[4]、普通なら豪雨で土壌侵食や地滑りが起きるところだ[3、5]。だが、こうすることで、保水力も高まり[5]、土壌も改善されていく[4]。おまけに、このやり方は、通常の焼畑農業より労力もかからない[5]。

森の中で穀類を栽培してきたレンカ族たちのノウハウが[2]、ホンジュラスで大成功を収めたことから、国際熱帯農業センターは、ケスングアル農法の可能性を探るため、「水と食料・チャレンジ・プログラム」を通じて、二〇〇五年には、土地条件の類似したニカラグア北西部でも試験的に導入してみた。結果は上々だった。地元の農民たちは、ケスングアル農法を進んで受け入れ、試験地区を越えて広まり、従来の焼畑農法はかなり減った。そして、農法はコロンビアでも成功を収める[4]。

「水と食料・チャレンジ・プログラム」の支援を受け、国際熱帯農業センター等の研究者たちは、このミステリアスな伝統農法の秘密を解明するための研究にも着手する。最小限度しか土壌を攪乱しないこと、効率的なスポット施肥方法等、成功の秘訣を特定・定量化することにも成功した[5]。

この結果を受けて、国際熱帯農業センターやＦＡＯの科学者たちは、旱魃に苦しめられているアフリカ、アジア、南米高地でもケスングアル農法が使えるとの結論を下し[3]、「水と食料・チャレンジ・プログラム」も、このシンプルだが効果的な農法を各地に広める計画を立てている[5]。

「今、私たちが必要としているのは、気候変動に対応できると同時に、エコロジー的により効率的なシステムなのです。現場の農民たちが直面している旱魃や水不足の苦しみを知りながら、それをしないとすれば、どんな状況で、それをするというのでしょう」

アラセレイ・カストロさんは、ケスングアル農法は、ラオスやベトナム等の東南アジアの山地にも活用できるし、エチオピアやアンデスでも試験をしてみたいと語っている。(4)

改革はコミュニティの内部から

ケスングアル農法は原理はシンプルであっても、実際に行うのは簡単ではない。樹木の正しい選び方や管理方法のコツを学ばなければならないし、文化的な障壁も克服する必要がある。マルチを畑に放置することは、農地をだらしなく見せるし、文化的にそれを受け入れられない農民たちもいる。(4)

だが、一番大切なことは、農民たち自身が目覚めることだ。例えば、ホンジュラスではケスングアル農法は、外部から技術的な指導を受けるのではなく、農民たち自身が周囲のやり方を真似ることで急速に広まっていった。隣人からアイデアを得て、残りは自分自身で解決したのだ。

FAOのイアン・シェリット氏は、ケスングアル農法プロジェクトの技術アドバイザーだが、二〇年前との違いを想起する。

「今、コミュニティには、改革は外部の技術者から課されるものではなく、自分たちの内からもたらされなければならない、という認識があります。かつて、こうした考えを口にすれば、共産主義者か狂信的なエコロジストというレッテルを貼られたものです。ですが、冷戦後には、こうした考え方が受け入れられるようになっただけでなく、世界銀行もこうしたアイデアを制度化するキャンペーンを始めているのです(3)」

塙狼星氏は「焼畑は、英語圏では『移動耕作(shifting cultivation)』や『伐採農耕』(swidden cultivation, slash and burn agriculture)』と呼ばれ、『焼く』ことは焼畑の主要な特徴ではない。世界の焼畑の定義としては『休閑による植生と土壌の回復』が妥当であろう」と述べている(9)。だが、レンカ族たちは、回復のための休閑も不要な燃やさない「焼畑」を行っていたのである。

4 洪水を乗り切る伝統農法

蘇る三〇〇〇年前の古代農法

本章第三節で述べたように、今も世界各地の多くの人々がなかなか貧困から抜け出せずにいるのは、洪水や旱魃等で再三被害を受けることも大きい。異常気象の頻度やそれによるダメージは今後の気候変動によってさらに増えていくことであろう[1]。

ボリビア東部、アマゾンの平原地帯にあるベニ県も[2]、旱魃と洪水が繰り返される厳しい環境におかれている[1、3]。二〇〇七年には三五万人が洪水の被害を受け、翌二〇〇八年も過去半世紀で最悪の氾濫によって、人口の四分の一にあたる約一二万人が被災した。四万人が家屋を失い、被害額は二億ドルを超えた。二カ年の死者は一〇〇人を超す[1]。

「米、トウモロコシ、バナナ、タマネギ。全部水で流されました。家もなくし、三カ月も路上生活を強いられました。それで、子どもたちも病気になったのです」

ベニ県の県庁所在地トリニダド近郊のプエルト・アルマセンで、三人の母親、ドゥニア・リベロ・マヤコさんは、こう嘆く。だが、リベロさんはこう続ける。

「それが、私がここで『カメリョーネス』をしている理由なのです。二度と、すべてを失いたくはありませんから[1]」

ボリビアにあるNGOオクスファムの災害リスク削減・適合コーディネータのロヘル・キロガ氏は、こう説明する。

「試験的なカメリョーネスが初めて建設されたのは二〇〇七年のことですが、それで二〇〇八年の洪水を乗り切ることができました。コミュニティの暮らしが守れることが立証されたのです[3]」

洪水問題を解決するヒントは、古代の考古学調査からもたらされた[2]。カメリョーネスとは、三〇〇〇

年前から紀元一四〇〇年にかけ、農民たちが用い、その後忘れ去られていた伝統農法を復活させたものなのだ。(1、2)

オクスファムから資金援助を受けて、(2、3)古代農法を蘇らせた(3)ケネス・リー財団のオスカー・サーベドラ代表は言う。

「私たちのカメリョーネス・プロジェクトがユニークなのは、ベニ県の貧困問題を解決するために、同じ地域でプレ・コロンビア時代の先住民たちが開発した技術を用いていることなのです」

古代農法を復元するため、六年間も自分の菜園で実験を重ねてきたサーベドラ代表は、こう続ける。(2)

「洪水は、文明の発展と繁栄の基礎でした。(2)ベニの古代文明は氾濫と闘おうとはせず、それをチャンスと考えていました。(3)自然に挑戦するのではなく、自然を受け入れることで人々が生きることを可能にしていたのです」(1)

ベニ県は雨季の数カ月間は多くの土地が水の下に沈む。水が引いても養分は持ち去られ、後には痩せた砂地しか残らない。(2)

「私たちは、土地がとても痩せていることがわかっていましたから、この土地は死んでいて、農業に適さないと思っていたのです」

地元の農民、ラファエル・クレスポ・オルティス氏は言う。(1)

古代も今も、村が直面するのは、旱魃とその後に続く洪水という同じ課題だ。(2)だが、古代文明は、旱魃や氾濫に対処できるだけでなく、地力を維持し、生産力も高められる画期的な農法を開発し、広大な土地で実践していた(1、3)。

ベニ県で行われている通常の農法では、キャッサバは多くてもヘクタール当たり約一五トンしかとれない。だが、古代農法を用いると最大一〇〇トンもの収量をあげられる。地力が改善されるうえ、洪水の被害も受けないから三毛作も可能で、近代農業よりも収量が高いのだ(3)。なぜ、無農薬、無化学肥料でもこれほど収量が高いのだろうか。農法のしくみをアグロエコロジーの目で再確認してみよう。

水と養分の循環で高収量を維持

農法の原理は、本章第二節で紹介したチナンパスと基本的に同じだ。運河に囲まれ最高二mもの高さにもなる「カメリョーネス」と呼ばれる盛土を構築することから始まる。雨季には高畝を取り巻く周囲の水路に洪水が流れ込むが、水位よりも農地を高くすれば、種子や作物が流されることが防げる。そして、洪水が引いた後の渇水期には、運河に残された水が灌漑用水となる(2、3)。運河は高畝の周囲を取り囲んでいるから灌漑は容易だし(1)、水中に溶けた養分を吸収し、水生植物タロペも生い茂る(2、3)。タロペは水を浄化し、回収すれば肥料にもなる(2)。

地元の農民、オスカー・ペニャランダ氏は言う。

「土の上にタロペを広げれば、土壌水分が保てますし、肥料にもなります。タロペは素晴らしい植物なのです[3]」

タロペは六カ月後には分解して一〇cm厚ほどの肥沃土になるし、家畜飼料としても使える。そして、前出のラファエル・クレスポ・オルティス氏はさらにこう加える。

「運河には、渇水期も泥の中で生き延びる魚がいますから、コミュニティは魚も確保できるのです[1]」

そう、運河では魚も育つのだ。

伝統的な焼畑農業では二~三年後には土地が痩せてしまうため、農民たちは森を切り開いては、新たな農地を開墾してきた[2]。だが、収量があがれば、熱帯林を無理に伐採する必要もなくなる[1,2,3]。有機物と養分を効率的に循環させることで[1]、地力が高まり、灌漑用水が確保され、家畜飼料や魚まで得られ、森も守れる[2]と、至れり尽くせりの農法なのだ。

だが、地元住民たちは初めは疑っていた。

「どのように実施すればよいのか農業技術者さえ知らないテクニックなのです。それを実践するように参加者たちに声をかけたとき、不信感が漂ったことを思い出します」

ロヘル・キロガ氏は、カメリョーネスへの不信感を克服することが、プロジェクトが直面した最大の難題だったと語る[3]。だが、二〇〇八年の被災は、数多くの女性たちが加わるきっかけになった[2]。結果を自分の目で確かめることで、村人たちは農法のメリットを確信するようになっていく[3]。

二〇〇九年には、トリニダド周囲の五地区のプロジェクトに約四〇〇家族が加わり、トウモロコシ、キャッサバ、コメを栽培している。実験はまだスタートしたばかりだが、見通しは有望だ。[2,3]

農民、ジェネィ・ノサさんは、プロジェクトの成果をこう表現する。

「以前は洪水になるたびに、作物や種子を失っていました。植え直すにも水が引くまで待たなければなりませんでした。ですが、今は洪水になっても水に浸かりません。収穫ができるし、すぐに種も蒔けるのです[1]」

イバレ川を二〇分ほど船で下ったコパカバーナ村の農民、マイラ・サラスさんも言う。

「洪水が来ても、カメリョーネスが私たちを救ってくれるでしょう。洪水に弱いバナナも枯れませんし[2]、レモンやオレンジも植えられます[3]。私たちは、今、まさに祖先たちがどうやって暮らし、生き延びてきたのかを学んでいるのです[2]」

イェニイ・ノサさんの評価も高い。

「初めてカメリョーネスを目にしたとき、とても好奇心が湧きました。どのように機能するのかを知りたいと思い、実際よく機能することも目にしました。先祖が開発した古代技術を回復したことを、とても誇りに思っています[1]」

「ボリビアのプロジェクトの経験は、それ以外の被災地域にも、大きな呼び水となるでしょう」

ロヘラ・キロガ氏がこう指摘すれば[3]、サーベドラ代表も他国への普及を確信している。

「バングラデシュ、インド、中国等もベニ県と同じ状況におかれています。つまり、飢餓を減らし、気候変動と闘う助けとなるかもしれないのです」[2]

たとえ、異常気象や予測できない豪雨が増えたとしても、洪水を乗り切れる農法さえあれば、貧しい人々も困窮することはない[2]。事実、カメリョーネスは、ボリビアだけでなく、コロンビア、エクアドル、そして、ブラジルですでに活用されている[3]。

一九六〇年代に、考古学者たちが、アマゾンのプレ・インカ文明のベールを剥いだことは[3]、予想外の成果をもたらした。だが、アマゾンにはさらに別の「秘宝」も眠っていたのである。

5 アマゾンの密林に眠る古代農法

アマゾンは地球最大の人工林？

地球最大の肺といわれるアマゾンの熱帯雨林。アマゾンは、地球上に残された最大の自然空間だろう。だが、「アマゾンの自然生態系のほとんどは、森で暮らす先住民たちの管理によって人工的に作り出されたものだ」と主張して、物議をかもした人物がいる。人類学者、故ダレル・ポージー博士だ。ポージー博士は言う。

「例えば、カイヤポ（カヤポ）族は、熱帯雨林に食用植物や果樹を持ち込むことで森をさらに豊かなものにしている。部族は、近代的な牧場よりも、よほど熱帯雨林を効率的に使っているのだ(1)」

一九九二年の地球サミットでは、生物多様性の重要さが訴えられたが、その保全には、先住民たちの知識が欠かせない。一九世紀には先住民たちの知識は無視されるどころか、時に中傷さえされてきたが、一九八〇年代になると持続可能な開発に先住民の智恵が深く関係している証拠が次々とあがる。彼らの環境知識を保全するため、「先住民族知識資源センター」も設立される。この価値転換で大きな役割を果たしたのが、ポージー博士だった。

「先住民の民族植物学や民族生態学の知識が本格的に調査された事例は少ない。だが、農林水産業や天然資源、遺伝資源を管理するうえで、その知識が以前想定されていたよりもずっと洗練されていることがわかってきた。この知識は、エコロジー的にも社会的にも健全な新たな開発モデルへとつながる(2)」

博士がこんな主張を始めるきっかけとなったのは、博士論文を書くために一九七七年にアマゾンのカイヤポ族の村で暮らしたことだった。部族は、土壌や動植物の複雑な関係を熟知し、森林やサバンナ生態系についても莫大な知識を持っていた。複雑な儀式や文化は、森と結び付き、博士は村のシャーマンから、薬用植物の利用法や森の管理法、宇宙観を教えられ、研究を進める中、その豊かな文化や深い知識に魅せられていく。

「どんな大学の授業よりも学ぶことが多かった」

博士は後にそう想起している。

生前、博士が主張していたように、アマゾンが本当に人工林なのかどうかはまだ議論を呼んでいる。とはいえ、少なくともアマゾンの大地のかなりの部分に人の手が加わっていることはわかってきた。(1) カンザス大学の土壌学者ウィリアム・I・ウッズ教授が、(3)「アマゾンの大地の一〇パーセントが人工土壌に覆われている」と述べれば、(4) バイロイト大学のブルーノ・グレイザー博士は、さらに広いと指摘する。

「最近、アマゾン中部で四〇〇㎞のパイプラインの敷設調査が行われましたが、パイプラインに沿って一〇~二〇㎞ごとに人工土壌が発見されました。ですから、人工土壌はおそらく、アマゾンすべてにあるのです(5)」

幻の黄金郷エル・ドラド

話は飛ぶ。コロンブスが新大陸を発見して以来、コルテスやピサロだけでなく、幻の黄金都市エル・ドラドを夢見て数多くのコンキスタドールたちが、スペインからラテン・アメリカへと渡った。その一人に、フランシスコ・デ・オレリャーナがいる。一隊が探索した大河に「アマゾン」という名が付けられたのもこの時であったし、勇敢な女性戦士から攻撃を受けたとの記録が後に「アマゾネス伝説」となった。(注2)

オレリャーナは、一五四二年にアマゾンの支流のひとつリオ・ネグロ流域を探検した際、農場や村、さらには巨大な城壁を巡らした都市さえ目にした、と記録している。だが、それ以降、誰一人として都市を発見できなかった。見つかったのは、バラバラに孤立した狩猟採集民たちだけだった。

オレリャーナは嘘をついたに違いない。科学者たちは農業からもこう結論づけた。いかなる文明であれ、その基礎には農業がある。生産性が高い農業なくして大量の人口を養えない。だが、一見生産的なようで、熱帯雨林の土壌は農業には適していない[4]。痩せているうえに脆弱だ。森を切り倒せば、強い日差しにさらされ、養分は豪雨によってたちまち溶脱し、後には砂漠化した不毛な大地しか残らない[3]。本章第三節で述べたように、休閑を伴わない焼畑農業が持続可能でないのもこのためだ[4]。

ほとんどのアマゾンの土壌では一作以上できないし[6]、化学肥料を用いても、同じ場所では三作の収穫すら維持できない。土地が農業に向かなければ、狩猟採集生活だけの先住民たちが都市文明を築けるはずがない。それが、ほとんどの科学者たちの常識だった[4]。

だが、アマゾンの狩猟採集民たちは小規模で平等だとする従来の見解に相反する現象も見つかっていた。例えば、フロリダ大学の人類学者マイケル・ヘッケンバーガー准教授は、中央アマゾンでクイクル族の複雑な社会構造に驚かされた。どう見ても三〇〇人程度の狩猟採集民のものではなく、かつては、何倍もの人口からなる複雑な社会で暮らしていたことを思わせるものなのだ。ボリビア東部のモホス平原の先住民、シリオノ族たちが使う言葉にも、なぜかトウモロコシや綿、染料植物等、今は栽培していない作物を表す単語が残っている。チューレーン大学のウィリアム・バリー教授は、二〇〇〇年前に栽培された植物を指す言葉すらあると指摘する。(4)

一九六〇年代に考古学者ウィスコンシン・メディソン大学のビル・デネヴァン教授は、モホス平原に奇妙な直線パターンの痕跡があることに気づいた。モホス平原とは、オレリャーナが旅したアマゾン下流から二〇〇〇㎞も上流にさかのぼったボリビアにあるサバンナ草原だ。本章第四節で述べたベニ県に位置し、洪水と乾燥が繰り返される極端な気候条件のために作物も栽培しにくければ、人もわずかしか住んでいない。この発見に興味を寄せたペンシルバニア大学博物館の考古学者、クラーク・エリクソン准教授は、さらに研究を進め、平原に点々とつらなる数多くの森から有史以前の土器破片を見つけ出す。陶器の数は、狩猟採集民が使うにはどう見ても多すぎ、中には高さ一八mにも及ぶ土手すらあった。一六一七年にスペイン人たちが行った遠征でも、村々をつなぐ高い土手について記録されている。

エリクソン准教授とウィリアム・バリー教授は、平原に残る直線的な土手が洪水から農地を保護するための人工構築物であり、それと並んで走る溝は、灌漑用水路の痕跡だと解釈した。そして、上空から平原に見られる縞状のパターンも高畝圃場の遺物であることがわかってきた。その広さは何千平方キロにも及ぶ。

「これはエジプト人たちがやったことに匹敵する仕事です」と、エリクソン准教授は言う。

本章第四節で述べたカメリョーネスは、かつてボリビアにあった巨大文明を継承したものだったのだ。とはいえ、化学肥料を用いても三毛作すらできない痩せた熱帯土壌でなぜ何十万もの人々を養うことができたのだろうか。[4] アマゾンの古代農法のしくみをアグロエコロジーの目で再確認してみよう。

奇跡の土テラ・プラタ

一九五〇年代に、まだ駆け出しの研究者であったオランダの土壌学者、ビム・ソンブルク博士は、アマゾンを旅し、驚くほど豊かで肥沃な土を発見する。ソンブルク博士は、後に国際土壌照会情報センターの所長や国際土壌科学連合の事務局長となる人物だが、一九六六年の著作『アマゾンの土』が、「テラ・プラタ」と地元で呼ばれる奇妙な土壌[6]について、初めて言及したリポートとなった。[3]

テラ・プラタは、農業に不向きなはずの熱帯でもなぜか豊かな収穫を保証する。[3] 前出のグレイザー博士は、その地力は、地球上で最も肥沃なチェルノーゼムに匹敵すると語る。

「隣接した土地ではタピオカしか栽培できないのに、テラ・プラタでは、パパイアやマンゴー等、数多くの換金作物を栽培できるのです。マメや穀類の収量も肥沃な土地の倍もあります。おまけに、周囲の土壌より三倍も多く有機物や窒素、リンが含まれています[5]」

ブラジルの農業研究公社の土壌研究者、ベンセスラウ・テイヘイラ博士も、熱帯土壌には一般に乏しいリン、カルシウム、亜鉛、マンガン等の元素が豊富に含まれていることを指摘する。おまけに、普通の熱帯土壌と違って強い日差しや豪雨に何百年もさらされているのに地力が落ちない。テイヘイラ博士は、マナウスにある農業公社の施設で試験栽培した結果に驚かされた。

「モノカルチャーをして強い日差しや雨にさらすことは土壌を破滅させるようなもので、熱帯では絶対にやってはいけないことなのです。ですが、私たちは、四〇年も、コメ、トウモロコシ、タピオカ、マメ等あらゆる作物が栽培できたのです[3]」

驚異的なまでに生産性が高い奇妙な土壌。このようなものがなぜアマゾンに存在するのか。その正体を巡っては多くの論争がされてきた。だが、今では、先住民たちによって人工的に作られた産物であることがわかっている[6]。テラ・プラタには先史時代の陶器の破片が埋まっており、逆に人が居住した痕跡があるところでしか見つかっていないからだ[3]。グレイザー博士は言う。

「私たちは、テラ・プラタから、陶器の破片、人骨、人間の排泄物、獣骨、亀の甲羅の断片等を見つけています。先住民たちは、紀元前四〇〇〇年から西暦一四九二年にかけ、テラ・プラタを作り出してきました。旱魃や豪雨や熱帯の暑さに二〇〇〇年も耐え、今も地力を維持し、腐植を保っていることは驚くべきことです[5]」

アマゾンに人間が住み始めたのは、今から一万年前に遡るとされるが[6]、有史以前から先住民たちは、大地を変え、それが古代農業を支えてきたのだ。考古学者たちは、テラ・プラタの分布状況を調査し、オレリャーナが報告した場所との関連性も見つけ出す。どうやらオレリャーナは真実を語っていたらしいのだ。だが、そうだとすれば、彼が目にした住民たちはどこへ行ってしまったのだろうか。そう、アステカやインカと同じように、先住民たちはスペイン人が持ち込んだ天然痘やインフルエンザ、麻疹で消え去った。オレリャーナは、アマゾン古代文明を目にした最初で最後のヨーロッパ人となったのだ[4]。

動き出すテラ・プラタ再生計画

とはいえ、先住民たちが残した遺産は、今も生き続けている。テラ・プラタは、何百年間も保肥力が維持されるだけでなく[4]、芝生用の土として掘削販売されているのだが、厚さ二〇㎝ほどを残しておけば、まるで生きているかのように約二〇年で再生されるという[4,5]。グレイザー博士は、こう語る。

「ほとんど掘り取ってしまえば再生しません。ですが、少ない範囲で掘り取る限りは蘇るのです[5]」

なぜ、こんなことが可能なのか。その鍵は、植物や有機廃物を低温で不完全燃焼させた炭や木片にある[3]。テラ・プラタには他の土壌と比べ七〇倍も多く、ヘクタール当たり平均五〇トンものバイオ炭が含まれている[5]。炭があれば養分が吸着されて流失せず、微生物の棲み処にもなる。ふつうの熱帯土壌は農地に転換すると微生物が急速に減っていくが、テラ・プラタでは、微生物の数も種類もはるかに多い。炭の効用を確かめた実験もある。二〇〇七年にドイツのバイロイト大学のクリストフ・シュタイナー博士らの研究チームは、通常の劣化した熱帯土壌に炭の粉と木酢液を加えたが、それだけで、微生物が飛躍的に増殖し始め[3]、炭と肥料を組み合わせた試験区では収量が八八倍も伸びたという[4]。

現在、世界各地で行われている土壌回復プロジェクトは、ただ劣化した土壌を以前の水準にまで戻そうとする試みだ。だが、熱帯地域の土壌の多くは、自然状態でも痩せていて生産性も低い。元に戻すだけでは十分でない。

テラ・プラタを発見したソンブルク博士は、痩せ地を沃土に変える秘密がテラ・プラタに隠されていると考え、その謎を解くことで、テラ・プラタを現代に蘇らせたいと考えていた。その夢を目にすることなく、二〇〇三年に世を去ったが、「テラ・プラタ・ノバ」——新しいテラ・プラタによって、最貧国の人々も自給できると信じていた。

今、世界がテラ・プラタに注目している。コーネル大学の土壌科学者ヨハネス・レーマン准教授は、林業や休閑中の圃場、単年作物から発生する残渣を炭にするだけで、米国が化石燃料で放出している炭素の約三分の一を相殺できると主張している。准教授によれば、テラ・プラタ・ノバに炭素を隔離することで、全世界の化石燃料から発生する二酸化炭素が相殺できるという(3)。

グレイザー博士もテラ・プラタへの期待をこう語る。

「今後の農業は、極端な気候変動、すなわち、旱魃、豪雨、高温等の課題に対処しなければなりません。人口増加や砂漠化で農地への圧力も高まります。テラ・プラタは、こうした課題を緩和する一助となりましょう。私が一九九六年にアマゾンで働き始めた頃には、日系移民ぐらいしか、テラ・プラタの生産力の高さを知りませんでした。ですが今、アマゾンの人々は、自分たちの文化遺産を意識するようになり、新たにテラ・プラタ・ノバを作り出そうとしています。そして、アマゾンだけでなく、全世界が、それに倣おうとしています。ドイツで私たちもテラ・プラタ・ノバの生産工場を設立しています。エネルギー植物ジャトロファの栽培のために、その保水力を活かし、アフリカの乾燥地帯で、テラ・プラタ・ノバの可能性をテストしているのです[5]」

アマゾンのテラ・プラタは、最大九〇パーセントも砂を含む砂質土から、九〇パーセントの粘土からなるものまで、あらゆる土壌類型に及ぶ。おまけに、その土は世界で最も痩せている。ということは、それ以外の熱帯地域でも十分使えることになる。それが、あらゆる分野の研究者たちが着目し、世界農業遺産の候補にもあがっている理由だ[6]。

先住民たちが、微生物と炭との関係を知ったうえで、意識的に土壌に炭を入れていたのかどうかはわからない。ブラジル・サンパウロ大学の考古学者、エドゥアルド・ゴエス・ネベス教授は、家庭ゴミを処分する中で偶然にできたものではないか、と考えている[3]。グレイザー博士の見解も同じだ。

「おそらく、テラ・プラタは、骨や生ゴミ等を偶然加えることでできたのでしょう。大量の炭も料理や霊的な目的で低温の炎で作られたものなのです[5]」

だが成因が何であれ、テラ・プラタ復活が成功すれば、コンキスタドールたちが求めた黄金よりも貴重な遺産が、全世界にもたらされることとなる[4]。アマゾンには、やはり幻のエル・ドラドが眠っていたのである。

6 帝国の作法

貧困、ゲリラ、アル中の悪循環

インカはスペインによって一五三三年に滅ぼされるが、一〇〇〇万〜一五〇〇万もの人口を抱える大帝国だった。だが、ジャレド・ダイアモンド博士が指摘するように、免疫がない先住民たちはスペイン人たちが持ち込んだ天然痘にひとたまりもなかった(1)。わずか一〇〇年でペルーの人口は九〇〇万から六〇万人へと減少する(2)。驚くなかれ、ペルーの人口が当時のレベルまで回復したのは一九六〇年代に入ってからのことなのだ(1)。

だが、それ以降もアンデスの農民たちの苦悩は続く(3)。ペルーでは二四〇〇万人のうち四九パーセントが貧困状態におかれているが、中でもアンデスに住む先住民は最も悲惨で、約六六パーセントの世帯が貧困と分類されている。原因は、森林破壊、不十分な水管理、土壌侵食と地力劣化だ(2)。伝統的な遺産相続制度では兄弟間で土地が分筆されるため、収量の低い零細農業がさらに細切れとなっていく(3)。その一方で、近代的なマネー経済の浸透が、資源をわかちあう生き方を変え、コミュニティの絆を壊す(2)。しかも、一九八〇年代から九〇年代前半には、テロと暴力の嵐が吹き荒れた(3)。最貧地区のひとつ、ペルー南部のアプリマック州アンダワイラス郡パンパチリ村の農民ホアン・ギエン氏はこう語る。

「生存が最優先課題となり、農業は二の次でした」

ゲリラ「輝く道」と政府軍との戦闘に巻き込まれることを恐れて、多くの家族が首都リマほかの都市に流出し、耕作放棄地が増えた。コミュニティだけでなく、家族内ですらバラバラとなり、アルコール依存症や家庭内暴力もあたりまえとなっていた(4)。

だが、かつては違っていた。考古学的調査から、インカ時代には一〇〇万ヘクタールで農業が営まれ(1)、七〇種もの作物が栽培され、何千もあった物流倉庫「コルカ」には、飢饉に備え、一〇年分もの食料が蓄えられていたことがわかっている(2)。インカには化学肥料も農薬もなかったはずだ。なぜ、当時はこれだけの人々を養えたのか。農法のしくみをアグロエコロジーの目で再確認してみよう。

輪作とアグロフォレストリーで養われた帝国人民

ウチュクマルカンで農民たちが今も行う伝統農法は、こんなやり方だ。主食はジャガイモだが、それを栽培する場合も、アンデス産の塊茎類、アンデスカタバミやマシュアを混作し、次の一〜二年はウルコを栽培する。そして、一〜三年耕した後は八年以上休閑しておく(5)。これにはわけがある。ジャガイモには、収量を六〇パーセントも落とす厄介な病気がある。原因は、ジャガイモシストセンチュウで、乾土一グラム当たりに卵が一〇〇もある高密度状態になると発生する。おまけに、「シスト」という卵状態では一〇年以上も生き続ける。こうなると農薬も効かず根絶が難しい。そこで、重要になってくるのが休閑と非宿主植物だ。イギリスのローザムステッド研究所によれば、七年休閑すればジャガイモシストセンチュウを経済許容限界まで減らせるという。また、非宿主植物を栽培してもジャガイモシストセンチュウ密度が三〇〜五〇パーセントも減ることがわかった。さらに、マシュアの根からもジャガイモシストセンチュウを減らす分泌物が出ていることも確認された。農民たちは、何世紀もの試行錯誤を通じて、ジャガイモ栽培に休閑が必要なことを学んでいたのだ。だが、スペイン人たちには輪作や休閑は無意味なことのように思えた。伝統農法は打ち捨てられ、今は孤立した山中のコミュニティでしかなされていない。以来、ペルーではジャガイモシストセンチュウの被害が生じるようになってしまった[5]。

では肥料はどうだろう。ペルー北海岸には、紀元前後から七世紀にかけて先住民モチーカ族が、「ファヌ」と呼ぶ海鳥の糞を定期的に沖合の島から採掘しては、ジャガイモやトウモロコシ等の栽培に使用していた。インカもこのファヌを活用し、帝国の領域ごとに採掘するファヌの島々を割り当て、全農民にくまなく肥料が渡るようにしていた。「ファヌは聖者ではないが、多くの奇跡を行う」とされ、黄金と並ぶ神の贈り物として大切にされ、海鳥の営巣を妨げるものは死刑となるほどだった。ちなみに、「ファヌ」のことをスペイン人たちは「ファノ」と呼び、これが英語では「グアノ」となった。スペイン人たちは、黄金のほうに関心があったため、グアノは関心が持たれなかったが、一八〇二年にドイツの探検家、アレキサンダー・フォン・フンボルトによって、窒素とリン酸が多く含まれていることが判明すると、「グアノ・ラッシュ」が起こり、あっという間に掘り尽くされてしまった。[6]

インカは木も大切にしてきた。物流倉庫、コルカには燃料用の薪も一〇年分ストックされていたが、[2]リマにあるフランスのアンデス研究機関のアレックス・チェップストウ・ラスティ博士は、燃料や木材需要を満たすために、アグロフォレストリーが行われていたと指摘する。[2] 土壌侵食された土地でもよく育ち、窒素を固定する「アリソ」を呼ばれるハンノキの在来種を山腹に植えていたという。[7]

インカには文字がないから、環境に関する文字情報が得られるのは一五三〇年以降のことだし、それも、先住民やスペイン人たちのスペイン語の記録に限られる。とはいえ、森林保全や植林の伝統があったことは、天然林を意味する「サチャ」とは別に、栽培された木を意味する「マジュキ」というケチュア語があることからもわかる。マジュキは死んだ先祖も意味するが、それは、森を保全してきた先祖への崇敬も意味している。木は文化的に高く評価され、高官の結婚式では、純金で作られたように金メッキされた薪が使われた。庶民の結婚式では、肉やコカが花嫁の贈り物だったが、それ以外も根の薪か、それがなければ、材木となるアリソが贈られた。[2]

森林は国有地で、アグロフォレストリーを皇帝みずからが監視し、違法に樹木を伐採したり、燃やしたものは、グアノと同じく、死をもって罰せられたという。[2,8] もちろん、森林保全は、燃料用の樹木を確保し、食料生産性を高めるための実用的なもので、生物多様性に配慮したものではなかった。とはいえ、数多くの樹種の植林は、結果として山地の土壌安定につながっていた。だが、スペイン人たちには、この戦略的な植林も理解できなかった。スペイン人たちのエネルギー使用量はインカの人々よりも多く、征服から一〇〇年後の一六三九年の記録によれば、インカの人々のひと月分の燃料を一日で使っていたという。[2] 結果として各地で樹木が伐採され、植林されたアリソの森は消え失せた。[7] 現在ではパタカンチャ・バレーのような、[3] 遠隔地の峡谷に点在しているだけだ。[8]

インカは、本来ならば耕作不適地である急傾斜地にテラスを構築していた。何キロも先の河川や湖から、延々と水を引く運河も整え、[8] 何十万人もを養っていた。[2,7] だが、スペイン人による征服後はこのテラス農法も衰退し、[8] 当時のテラスの七五パーセントは放棄されている。[1] クスコ周辺の灌漑用水路のほとんども崩れている。[9] だが、それは、テラスが機能しなくなったためではない。壊滅的な人口減少に加え、無理やり移住を強いられ、テラスを維持する労働力が確保できなくなったためなのだ。[4] スペイン人たちは先住民たちを土地が痩せた高地へと追いやることで、肥沃な土地を取得したが、そこも、ユーラシア大陸から持ち込んだ家畜を放牧し土壌侵食させてしまう。[2] 貧しい山村の人々が都市へ流出していく背景には、農地が以前の人口を養えないという事情があったのである。[9]

古代テラス復興プロジェクト

だが、こうした状況の中でも、かすかだが再び希望の火が今、灯りつつある。よい暮らしを求めて若者たちの都市への流出は続いているとはいえ、町から村に戻って農業を始める者も出てきている[3、4]。この動きの発端は、一人のイギリス人女性、アン・ケンドール博士が、インカ時代の古代テラスの再建に情熱を燃やし[9]、古代農法の復活による農村開発プロジェクト[8]、クシチャカ・トラストを一九七七年に設立したことに始まる[10]。

まだ、大学院生だったケンドール博士が、ペルーを初めて訪れたのは一九六八年のことだった。修士論文のテーマはインカの建築だったが、その後、博士は考古学に興味を持つ。そして、農村計画の研究で学位を得た後、一九七四年以来は、毎年夏はペルーで過ごすようになっていく[9]。もともとトラストは、マチュピチュ遺跡に近いクシチャカ渓谷で学術調査を行うために設立された。一九八〇年代にはわずか一五世帯が自給農業を細々と営んでいるだけで、ほとんどのテラスは打ち捨てられて遺跡となっていた。だが、土壌学者や植物学者、環境学者たちの発掘調査から、かつては、最も神聖な作物とされたトウモロコシをマチュピチュに供給する基地として機能し、五〇〇〇人もの人々が暮らしていたことがわかってきた[11]。ならば、古代のテラスを再使用してみたらどうだろう。クシチャカ・トラストによって、二カ所の古代テラス用に整備された七㎞のキシュアルパタ用水路を修復するパイロットプロジェクトが始まる。遺跡修復の経験豊かな石工たちの指導で、地元住民もこの作業に関わった。修復作業は一九八三年に終わり、クスコ大学農業研究所との協働で、テラスも修復された。成果はすぐに表れた。水が引かれたことで、何世紀も不毛だった四五ヘクタールの土地が蘇ったのだ。伝統的なアンデスの穀類、キノア

インカのテラス農業における石垣のしくみ

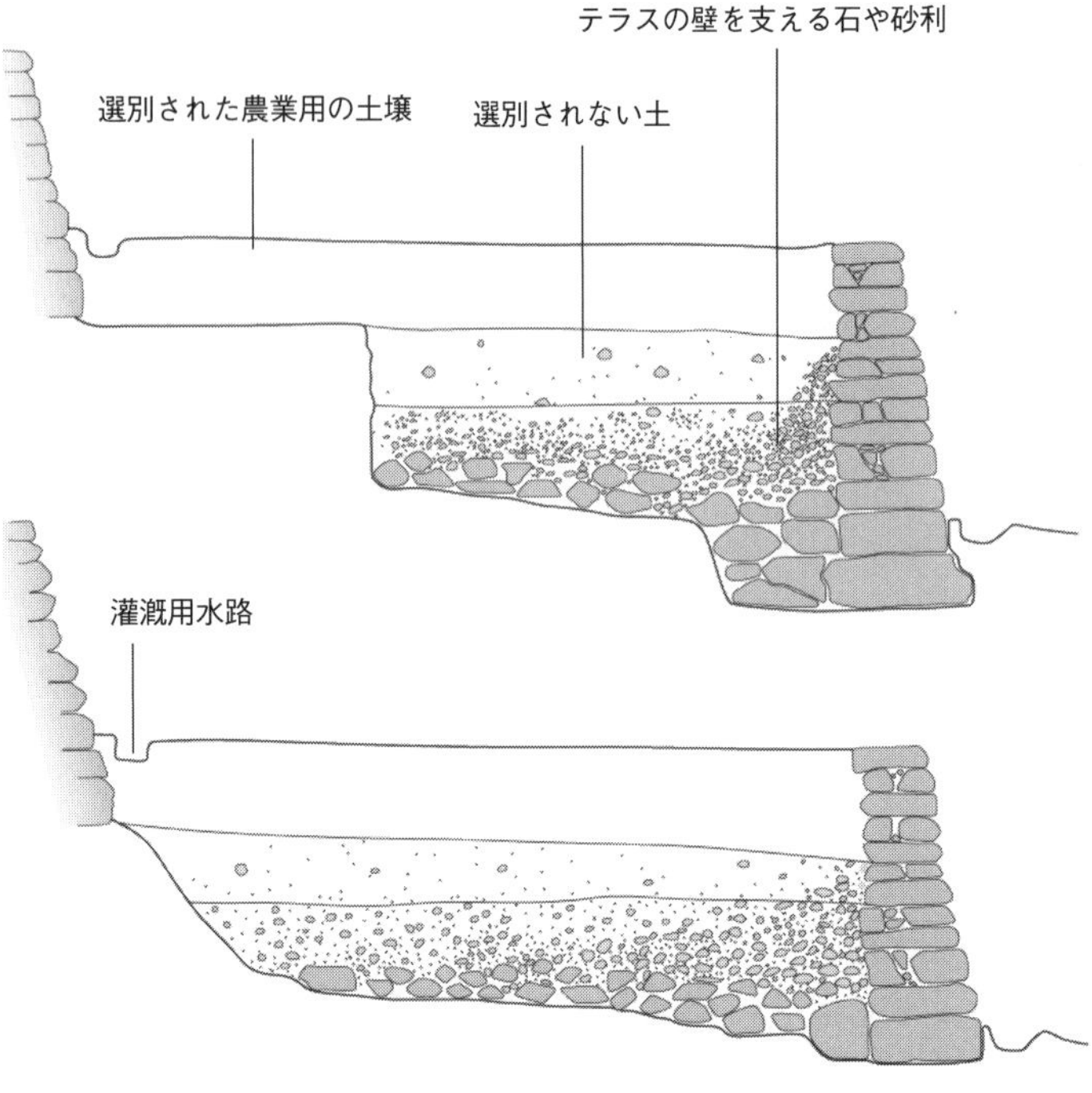

出典：クシチャカトラストのProfiles of Typical Inca Terracingより
http://www.cusichaca.org/page20a.htm

やキウィチャ、トウモロコシ、マメ等が生産され、自給しかできなかった地元住民は、余剰農産物を販売しだす[11]。

この成功に他地区の農民たちも動き出した。一九八七年には、クスコから八〇km、オリャンタイタンボからもトラストに支援依頼の声がかかる[12]。オリャンタイタンボとは、ウルバンバ渓谷（聖なる谷）の上流にあるパタカンチャ渓谷にある町だ[7]。クスコから北へ一二km、標高三三〇〇mのパタカンチャ渓谷は、インカの時代にはトウモロコシ生産で最も重要な地区のひとつだったが(2)、ここでも生産性の低さが、コミュニティの停滞や人口流出につながっていた(12)。そこでイギリス国際開発庁の資金援助を得て水路再建が始まる(9)。農民たちは、地元の教師兼石工の指導のもとに働き、石工は若者たちを訓練していく(12)。再建には四年の歳月を要したが、一九九四年に六・四㎞のプママルカ水路が復活し、約一六〇ヘクタールのテラスに水が流れ始めた(4、8、13)。テラスが完全に復元されると、ジャガイモ、トウモロコシ、小麦が栽培され(8)、乾季でも三五〇家族、二〇〇〇人以上が豊かにジャガイモを生産できた(9)。

インカのテラスや灌漑技術は洗練されていた。例えば、石垣はわずかに傾斜が付けられているが、これにも意味がある。強い日差しで昼に温められ、夜間に熱を放出する。それが、微気候を作り出し、作物を霜害から守るのだ。内部にも工夫がある。典型的な工法は、現場で発生する巨岩を基盤に据え、その上に小石や土層を積み重ねていくものだが、最上層の一mには、良質な土壌が重ねられる。よい土がなければテラスから数キロも離れた地点から、わざわざ背負って運ばれた。この構造によって、水はけがよくなり、保水性も高まり、微生物活動が活発化する。結果として、発芽や生育がよくなり、収量を高められるのだ(13)。

「化学肥料は全く不要ですし、これが本来の有機農法なのです」

ケンドール博士は言う(9)。オリャンタイタンボの農民たちは、他の土地よりもテラスのほうが収量がよく、肥料も少なくてすむ、と述べている。[8] よく構築されたテラスでは、土地生産性を倍増できるのだ。[13]

灌漑用水路も複雑で、少しずつ異なる傾斜や配水ポイントがある。

「適切に水を流すには伝統的なやり方で再建されなければなりません」と、ケンドール博士は言うが、当時の工法で水路を修復できたのは、博士が建築や考古学に深い知見を持っていたからだった。用水路再建では、粘土、砂、石、サボテンと地元で手に入る原材料が用いられた。なぜ、ふつうの開発プロジェクトで使われるセメントではなく、わざわざ古臭い粘土を使うのか。再建に取り組むオリャンタイタンボの住民たちは、最初は納得できなかった。だが、ケンドール博士は言う。

「よく地震が起きるこの地域では、伝統技術のほうが望ましいのです。粘土はセメントよりもずっと封水性が高く、湿度や粘性を保つのです。セメントは地震があれば、割れてバラバラに壊れてしまいます」

今では、住民たちも伝統的な技術を信頼している。例えば、運河プロジェクトを監督する地元のデヴィッド・カナル氏は言う。

「私たちは先祖の技術を再発見しました。保全する価値がある多くの技術があります。近代的な進歩を拒絶はしませんが、古代の方法がより適切なら、私たちはそれを使うべきなのです[9]」

前出のパンパチリ村は、約二五〇〇人が牧畜業で暮らしているが、ここでも、粘土、石、砂、サボテンと伝統的な資材を用い、水路とテラスが再建された。プロジェクトの技術者、トム・ニカールス氏は言う。

「灌漑用水によって農業生産は激増しています。伝統的な天水農業では、三年作付ければ、次の約七年は休閑しなければなりません。その理由のひとつは水不足です。ですが、灌漑をすれば、少なくとも毎年一作は生産でき、時には二毛作ができる土地もあるのです」

セメントは何㎞も遠方から運ばなければならないし、値段も高く、自給農民たちの収入を超えている。だが、古代技術を用いれば、何も輸入する必要がない。プロジェクトに関わる前出の農民、ホアン・ギエン氏も古代技術をこう評価する。

「インカは優れた農学者でした。彼らは持続的な農業を理解していたのです。スペインに征服されてからこれは減退します。スペイン人たちは、農業よりも鉱業に関心があったのです[4]」

コミュニティは自分自身で問題を解決できる

トラストは、テラスの再建だけでなく、農業省のアグロエコロジー活動部局と協働し、実践的な農村開発にも取り組んでいく[9]。住民参加に基づき、教師やコミュニティの代表とも緊密に協働し、環境保護、健康と栄養、女性の権限委譲と幅広いプロジェクトに従事していく[10]。例えば、オリャンタイタンボでは、土壌が酷使されたために侵食され、以前にあった森林も失われていた。そこで、プロジェクトの農学者やフィールドワーカーたちは、地元農民向けに土壌保全コースを設け、在来樹種の大がかりな再植林プログラムを立ち上げる。一九九一年には第一回の環境問題のワークショップとセミナーがクスコで開催された。

地元住民たちは、村の近くを流れる川から水を得ていたが、その水は汚染され、子どもたちは伝染病にかかっていた。そこで、プロジェクトでは、泉や上流から汚染されない水を引く低コストの水道計画を支援した。ジャガイモ中心の食事も栄養的には貧しい。そこで、これまで栽培されてこなかったキャベツ、レタス、ニンジン、タマネギを栽培する家庭菜園も奨励した。菜園は主に女性たちが行っているが、食生活を改善し、生産物を販売する機会ももたらす[12]。

オリャンタイタンボ周辺の孤立した高山地域の集落は、灌漑用水の恩恵を受けられない。そこで、温室が導入された[9,12]。温室では、それまで馴染みがないトウガラシ、トマト、ホウレンソウ、ラディッシュ等の野菜が栽培できる。訪れた人は、ハウス内の気温がジャングル並みに暖かいことに驚く。他のコミュニティの村人たちも支援やアドバイスを求め、オリャンタイタンボに足を運ぶようになってくる。彼らも用水を再建し温室を設置してほしいのだ。そこで、トラストは、ワークショップを通して、いくつかの隣村の代表をトレーニングした。

「私たちは自分たちがやったことを誇りに思います。そして、他の人々を助ける準備もできています」と、デヴィッド・カナル氏は言う[9]。

テラスが最初に再建されたクシチャカ渓谷では、コミュニティ全体が活力を取り戻し、住民たちは大きな達成感を覚えた。その成果も持続する。一〇年後に調査がなされたところ、学校は建て増しされ、最初の礼拝堂も建てられ、人口も増えていた。若者たちが村にとどまるインセンティブも産まれていた。このパイロット事業から、シンプルだが斬新な概念が登場した。地域に眠る潜在力を活用し、最小限度の技術支援を行えば、貧しい農村も多くの課題を自分たち自身で解決できるという概念だ。(11)

モデルとしてのトラストのプロジェクトは一九九七年に終了した。それ以降は、地元でNGOが結成され、各地区が国際開発機関から資金援助を受け、独自に活動している。(12) 過去の確立された技術は、現在抱える問題に対しても、シンプルで持続可能な解決策を提供できたのだ。(1) ケンドール博士は言う。

「地域開発には大変な見返りがあります。それは私が、アンデスの暮らしの調査や理解で見出した最も豊穣な領域なのです(9)」

伝統農法コラム2

レイチェル・カーソンは大量殺戮者？——スリランカのマラリア

反農薬の最大のヒロインといえば、名著『沈黙の春』で知られるレイチェル・カーソンだ。カーソンの警鐘によって、農薬の危険性が広く人々に認知され、一九六〇年代後半には各国でDDTの使用が禁じられることにつながった。

だが、ジャーナリスト、松永和紀さんは、二〇〇六年にWHOがマラリア予防のためにDDTの活用を見直し、その使用を奨励しているとのエピソードを紹介している[1,2]。「カーソンは、ヒトラーやスターリン以上の大量殺戮者」とのタイトルが付いた衝撃的な記事もネットを検索すればヒットする[3,4]。

「一九四八年にはスリランカでは二八〇万人がマラリアに侵されていたが[3,4]、DDTの導入で一九六三年には一七人まで減った。だが、五年もたたずして発生件数は五〇万まで高まった。今では、世界で約四億人が毎年感染している。カーソンのイデオロギーは、スターリンよりも多くの死、さらに何億人もの人々に災難をもたらしたのだ[4]」

カーソンが招いた惨劇として決まって出されるのが、このようにスリランカの事例だ。この主張は本当だろうか。カーソンのせいでスリランカの人々はそんな悲惨な目にあわされていたのだろうか。

次の第Ⅲ章で詳述するようにスリランカでは紀元前から既に稲作が始まっていたとされる。以来、少なくとも一四〇〇年以上も水牛は農村景観の一部となってきた。トラクターを近代農業のシンボルとすれば、水牛は過去を引きずる伝統農法の象徴ともいえる。政府はトラクター購買費に補助金を支給し、水牛からの転換を奨励した。だが、近代化で水牛が駆逐されると、以前の一〇倍もの輸入石油エネルギーが必要となった。有機農業に欠かせない厩肥の源がなくなれば、水牛が産み出す乳やカード・ミルクも手に入らなくなる。水牛を扱うことで土地なし労働者たちが得てきた雇用機会もなくなる。水牛が絶えず踏み固めることで出来ていた水田耕盤もトラクターは壊す。結果として、収量も落ちた。

だが、影響はそれにとどまらなかった。水牛は牛とは違って汗腺がなく、体温調節ができないから、暑さをしのぐため水に浸かる。そこで、農民たちは、湿地を深くしたり、水田の一部を掘削して、わざわざ水浴び場を作ってきた。この「乾季の聖域」と呼ばれる水浴び場が、さまざまな水生生物の生息地になってきた。収穫後に水を落としても魚は生きのび、雨季が始まれば、生き残った魚が水路に移動し、水田で成育・繁殖する。収穫時に水をおとせば、水浴び場に閉じ込められた多くの魚を手で捕まえることができた。

「聖域」の茂みを繁殖の場として棲息していたネズミヘビも齧歯動物を一月間に二〇匹以上食べ、穀物を食い荒らすネズミの被害を防いでいた。後に立ち上げられた国際プログラムは、生物防除の主体として、このヘビを高く評価することとなる。同じく茂みを生息地とするミズオオトカゲも村人たちから大切にされてきた。毒ヘビを食べることからこの風習は生まれたと思われていた。だが、後の研究は、さらにトカゲの価値を明らかにする。低地水田には、畦畔に穴を掘り、漏水を引き起こすカニが生息している。カニが大発生すると、農民たちは、補修作業に追われる。トカゲは、このカニを食べてくれていたのだ。

水浴び場には、別の重要な役目もあった。農村の屋根葺き材は、ココナッツ葉から作られている。緑の葉は柔軟で織りやすいが、葉を取り去ってしまうと実が採れなくなる。農民たちは、乾燥してもろくなった葉を水浴び場に二〜三週間浸すことでしなやかにしてきた。水牛がトラクターに変われば、水浴び場は不要だ。水浴び場がなくなれば、屋根葺き資材が手に入らず、アスベストやタイルで代替しなければならない。タイルの製造エネルギー源は薪で、薪の主な供給源は森だから、これが、森林破壊につながった。

もちろん、水域があれば、マラリアを媒介する蚊が繁殖する。だが、自然界にはこの蚊をむさぼり食う魚がちゃんといる。水浴び場があれば、水田に棲む魚も増える。そして、地元では、それ以外の魚は獲っても、食虫性の魚は獲り尽くさないことが掟となっていた。(5)

なんと、農業近代化のために、水牛をトラクターに転換したことは、農業や雇用のみならず、住宅、森林保全、そして、マラリア発生という医療問題にまで影響していたのだ。ちなみに、スリランカ政府のDDT使用禁止は前後関係から見ても「沈黙の春」とは関係ない。カーソン批判は根拠なき誹謗中傷だったのだ。しかも、その後にマラリア発生件数がなぜ急増したのかについて、媒介動物生態学が専門のジェラルド・マーテン教授はこんな話を披露している。

「WHOは一九五〇年代にマラリア蚊駆除のための世界規模のキャンペーンを展開する。だが、一九六〇年代末にほとんど姿を消していたマラリア蚊は一九七〇年代には蘇る。DDTへの耐性を蚊が進化させただめだが、それだけではない。マラリア媒介蚊は、家の壁に止まって休息する。DDTは散布後も数カ月間は壁表面に残留するから、年に数回散布すれば駆除できた。だが、ある地域では、行動上の突然変異が蚊に起きた。DDTが散布された住宅の壁に止まって休まず、家の外の植物のうえで休み始めたのだ」

なんたる生への執着か。蚊の突然変異たるや恐るべし。これではDDTを使い続けたとしても、マラリア根絶は無理ではないか。事実、マーテン教授はDDTを持続可能な防除技術ではないと主張する。だが、そのうえで、さらに別の事例を持ち出す。

一〇〇年前にフランスは、植民地ベトナムのゴム園やスズ鉱山で働かせるため低地住民を山間部へと送り込んだが、多くがマラリアで命を落とし移住策は失敗した。だが、元から山地で暮らす住民たちは一向に平気だったというのだ。なぜ、彼らはマラリアにかからないのだろうか。

「山地住民は家の下で水牛を飼育し、室内では調理用に火を焚いていた。蚊は煙で充満した高床の家には入らず、人の代わりに水牛を刺した。科学者たちは、まだマラリア原虫を蚊が媒介することを発見しておらず、世界中の人々が汚染された水や霊魂で引き起こされると信じていた時代である。山地住民に特異な家を建てる理由をたずねてみれば『伝統だ』と答えたであろう。何世紀にも及ぶ文化的進化の産物として、山地住民の住宅は健康を含め、すべてのニーズに適応したものだったのだ(6)」

またしても水牛だ。トラクターと違って自らの肉体を蚊に捧げる水牛に感謝すべし。それを使いこなす伝統の叡智にこそ瞠目すべし。農薬を使わずにマラリアに罹病しないためのヒントは、すでに辺境の自然生態系とそれを活かした古代のライフスタイルの中に眠っていたのである。

III

曼荼羅というコスモロジー
インド・スリランカ

水域、樹木、作物、野生動物、鳥、虫、微生物。農業生態系という曼荼羅を織りなす諸要素が調和し、相乗《シナジー》作用を発揮する時、持続可能な小宇宙が誕生する。インドのヴェーダやスリランカの仏教哲学に根ざす伝統農法は、高い生産性を維持しつつ、同時に生物多様性の保全にも成功した。地下貯留ダムで砂漠を沃野に変え、数万もの作物品種を自在に使い、森から水田まで連動《シンクロ》する貯水池群を国土に張り巡らせ、鳥を使って害虫を防ぎ、アリを用いて雑草を抑制する。数千年の星霜を重ねし古代農法のなんと幽玄なることか。近代科学は古代の科学体系が機能する意味を、ようやく自らの言葉で解釈し、語れるようになってきた。

1 伝統品種の復活で村を再生

種子の近代化で自殺していく農民たち

一九六一年にインドは大飢饉に直面した。これを契機に、メキシコで誕生した緑の革命が、導入されたのがインドだ。第一章第二節でクーハフカン課長が述べたように、緑の革命は食料増産に大きな成果をあげた。だが今、インドの農村では、奇妙な現象が起きている。一九九七年以来二〇万人もの農民たちが自ら命を断っているのだ。

その根底には、メキシコと同じように、農民たちの借金が雪だるま式に増えていることがある。世界銀行の構造調整政策で、一九九八年から、インドには、カーギル、モンサント、シンジェンタ等の多国籍企業の種子が導入され始める。だが、高収量品種には大量の化学肥料や農薬、集約的な灌漑が必要だ。それがなければ、収量があがらず、借金もふえる。例えば、チャッティースガル州は、豊富なコメの在来品種があることで知られ、二〇〇〇年以前には、自殺は報告されていなかったが、二〇〇七年には一五九三人が自殺した。ビハール州でも在来のトウモロコシがモンサント社製のハイブリッド・トウモロコシに変わると収量があがらなくなり、四〇億ルピーもの損失が出て、貧しい農民たちをさらに貧困へと追いやった。

アーンドラ・プラデーシュ州のワランガル県も、以前は多様なマメ、雑穀類、油脂作物が栽培されていたが、それがモノカルチャーの綿栽培へと変わる。さらに、二〇〇二年にはモンサント社の遺伝子組換え綿も導入される。同社は、ヘクタール当たり三七〇〇キロの収量を約束していた。ところが、実際に栽培してみると最低では五〇〇キロしか獲れない。農民たちが得たのは、ヘクタール当たり二万五〇〇〇ルピーの収入の代わりに、一万六〇〇〇ルピーの借金だった。

マハーラーシュトラ州のヴィダルバ地域は、農民の自殺率が最も高く、年に四〇〇〇人、毎日約一〇人が自殺しているが、これもモンサント社の綿が関係している。この綿の栽培面積が最も多い地区なのだ。以前の綿の種子の価格はキロ当たり七ルピーだったが、遺伝子組換え綿の種子はキロ一万七〇〇〇ルピーもする。同社は、ヘクタール当たり一五〇〇キロの収量があがると主張して種子を売った。だが、作ってみると平均三〇〇〜四〇〇キロしか収穫できなかった。

在来の綿品種は、天水栽培でき、食用作物とも混作可能で、害虫抵抗性もあった。だが、遺伝子組換え綿はモノカルチャーでしか栽培できないし、灌漑が必要だ。おまけに、オオタバコガには抵抗性があっても、別の害虫が新たに発生した。これを防除するために、以前より一三倍も多く農薬を散布しなければならなくなったのだ。

「まるで詐欺です。経費がかさみ、まともな収量があがらないから、借金地獄が作り出されてしまうのです。農民たちは腎臓を売ることを強いられるか、自殺するしか道がありません」

インドの著名な活動家であるヴァンダナ・シヴァはこう批判し、農民たちの自殺に歯止めをかけるため、種子を保存し、多様性を守る運動「ナブダニヤ」、『希望の種子キャンペーン』を始めている。[1]

旱魃にも浸水にも適応する在来米

緑の革命では、収量だけが重視される。化学肥料によく反応し、高収量をもたらす数少ない品種だけが選抜される。結果として、広大な領域で高収量品種だけが栽培されて、遺伝子が画一化されていくことになる。[2]だが、画一化にはメリットだけがあるわけではない。作物は病害虫に脆弱となり、かつ、ある作物の病害虫が、類似した作物すべてに広がる。一九七〇年代にイネグラッシースタント病が、インドからインドネシアにかけて蔓延したのもそのためだ。そして、この病気を解決したのは在来品種だった。一万七〇〇〇種以上の栽培イネ品種や原種サンプルを四年もかけてスクリーニングした結果、インドのウッタープラデシュ州のゴンダ近郊で栽培されるオリザ・ニヴァラと呼ばれる一品種だけが、この病気への抵抗遺伝子を持っていたのだ。今、このインドの野生イネの遺伝子を持つ抵抗性品種が、アジアの一一万㎢の水田で栽培されている。品種改良の基礎となる遺伝子を供給する在来品種が、どれほど重要かが、このことからわかる。[3]

メキシコに二万種ものトウモロコシがあったように、インドも野生植物や栽培作物の宝庫だった。著名なコメ研究者、R・H・リチャリア博士によれば、ヴェーダの時代には四〇万種ものコメ品種があったという。減ったとはいえ、今も二〇万種は存在し、マディヤ・プラデシュ州とチャティーチスガルハ州だけで、博士は二万種ものコメを収集・特定している。(2、4) メキシコの先住民たちが家庭菜園ミルパで在来品種を育んできたように、インドにも種子を保全する多くの文化的な習慣があった。例えば、カルナータカ州やアーンドラ・プラデーシュ州では、正月にウガリと呼ばれる祭りが開かれるが、そこでは、適切な品種を選抜するために種子の発芽力を試す儀式が行われる。タミル・ナードゥ州にあるムライパーリ祭の役割も同じだ。(4) 在来品種の多くは丈夫で病害虫耐性があるうえに、化学肥料や農薬等の投入資材をさほど必要とはしない。しかも、着目されるのは収量だけではない。稲藁を牛の餌にしたり、屋根葺き材にする等、多様なニーズや用途に応じて農民たちは品種を開発してきた。だが、それ以上に重要なことは、環境条件によっては、高収量品種よりも適切な場合があることだろう。(3) 例えば、インドのイネの栽培環境は海抜三m以下から二一〇〇m以上まで及ぶ。降水量も五〇〇〇㎜から、わずか五〇〇㎜しかない地区まである。タミル・ナードゥ州には、砂や埃が舞う乾季に播種できる品種すらある。(4)

同州の州都チェンナイ(旧マドラス)には、「インド知識体系センター」というNGOがある。二人の科学者、バラスブラマニアン博士とヴィジャヤラクシュミ博士が、一九九三年に立ち上げ、在来種子の保全と有機農業の普及に熱心に取り組んでいるのだが、ヴィジャヤラクシュミ博士は、こう語る。(1、3)

「在来品種には多くのメリットがあります。最も重要な点は、品種が残されてきた地域環境に適した固有の性質があり、人々に必要な食料をよく確保できることなのです」[5]

インドの農民たちが二〇万もの在来品種を保全してきた理由もそこにある[3]。

例を見てみよう。同州カーンチプラム県ティルッカリュックンダム区マンガラム村の農民、ランガナッタン氏の農地は湖に隣接している。〇・八ヘクタールの土地のうち、〇・二ヘクタールは雨季にいつも浸水し、約一・五mも水につかることもある。タミル・ナードゥ農科大学が一九八六年に育種したポンニのような高収量品種米は、こうした環境では育たない。そこで、在来種サンバ・モサナムを直播してみた。もともと船に乗って湖で収穫してきたとされる品種だけに、在来種は浸水に耐え、ちゃんと育った。

一方、乾燥に強いコメもある。カーンチプラム県のティルヴァナイコヴィル村の三〇人以上の農民たちが保全してきたカッパラカルは、乾いた大地にそのまま蒔く。農民たちは、このコメを使う理由をこう語る。

「旱魃に耐性があり、同時に浸水にも耐えられるからです。害虫もほとんど出ません。ですから毎年、育てているのです」

村では、ホワイト・ポンニと呼ばれる高収量品種米を栽培していた農民もいた。播種後、二カ月も全く雨が降らなかったために枯れた。だが、カッパラカルは旱魃に耐え、その後、雨が降るとすぐに青々と元気になった。

浸水に強く、トビイロウンカに耐性があり、授乳中の母親の乳量も増やすニーラン・サンバ。同じく、病虫害への耐性が強く、乳の出がよくなるが、浸水ではなく旱魃に強いクジヤギッチャン。アルカリ性土壌でも育つカラルパライ。在来種の多様性は多岐にわたる。

中には、フィラリアの治療に役立つ米もある。フィラリアは蚊によって感染する病気で、近代医療でも完治が難しいが、タンジャーヴール県のティルップラムビアン村のムルガダサン氏は、カルングクルヴァイと呼ばれる在来米品種を使えば回復できるという。このコメをサボテンミルク、牛乳、はちみつと混ぜて沸騰させ、ジャムにし、ギー、ミルク、穀類、焼き塩と一緒に食べることで治るという。アーユル・ヴェーダの古代文書にこの処方箋が載っており、実際、同じ村の患者はこの療法で回復したという。

農民たちは、自分たちの在来米の環境や栄養上の特性のことを熟知している。逆に、この智恵があったればこそ、厳しい環境の中でも生き延びてこられたといえるだろう(6)。

一〇〇種以上の米、六〇種以上の伝統野菜を復活

だが、緑の革命のために、在来品種は急速に失われつつある。そこでセンターは、一九九五年に「ナブダニヤ」とコンタクトを取り、その協力を受けて、ティルヴァンナーマライ県ヴァラヤムパットゥ村

で種子保全に取り組み始めた[2]。

その契機となったのは、一九九三〜九四年にかけ、センターが同村で行った伝統農法を用いた病害虫防除だった。農民参加型の実験は成功したが、集会の中で、農民たちから緑の革命以前に栽培されていた在来品種を望む声が出されたのだ[2、3]。

各地にどんな在来品種が眠っているのか、まず確認するため、センターのフィールドワーカーたちは、詳細な調査を行い、何百人もの農民たちとの集会を重ねる中、自家消費用に保全されていた八品種のイネを見つけ出す。

この貴重な遺伝資源を増やすため、センターは、二つのルールを設けた。有機栽培を行うこと。そして、増やした種子をほかの農民たちが使えるように、収穫時には倍の量にして返すことだ。三〇人の農民がこの条件を飲んで、農地の一部で伝統品種の栽培を始めた。彼らは、その後の種子復活プロジェクトの中核メンバーとなっていく[3]。

また、村の若者たちにも品種保存の大切さをわかってもらう必要がある。センターは、生物多様性コンテスト「ビジャ・ヤトラ」を行って学生たちに在来品種を集めさせ、農業フェアやフェスティバルでも品種を展示して農民たちと積極的に種苗交換を行った[2]。

また、センターの協力で、多くの村には「コミュニティ・シードバンク」も設立される[5]。そのやり方はこうだ。まず、センターは各地の村で在来品種の大切さを訴える集会を開催する。センターの試験農場や協力農家の圃場では「生息域内保全センター」として、五〇以上の品種が栽培されている。そこで、関心を持った農民たちは、実物を目にしたうえで、自分の土壌や気象条件に見合った品種を選べる。栽培したければ、センターやすでにその品種を育てている農民から種子を分けてもらえる。ただし、収穫期には二倍にして返すことが、種子を受け取る条件だ(2)。この活動で、いくつかの村は種子の村内自給を達成できた(3)。取り組みの成果をヴィジャヤラクシュミ博士は満足してこう言う。

「コメで一二五品種、そして、約六〇種の伝統野菜品種をどうにか取り戻しました(2)」

この種子保全に約一〇年取り組んだ後、センターは次のステップへと進む。それは、センターの支援が終わった後も、農民たちが自力で活動を継続できるよう、各村に有機農民グループ、「サンガ」を結成することだった。現在、シード・バンク活動は、サンガを通じて推進されている(2、5)。

センターは、アゾトバクターやアゾスピリウム菌を用いたバイオ肥料、ニームの種子等を提供する一方、在来品種を有機栽培で栽培するノウハウやミミズ堆肥づくりのテクニック、植物抽出資材を用いてバイオ農薬を作って、病害虫を防除する技術トレーニングを行って有機農業を支援している(2)。当初転換されたのは、農地のごく一部だけだった。だが、農民たちは徐々に面積を広げていく(5)。投入資材を自給できることは、経費節減にもつながる(2)。農薬代は六〇パーセントも減り、栽培経費は一五～二〇パーセント下がった。プロジェクトを実施した村では、多くの農民たちが、サンガに参加することを希望した(3)。

また、センターは、家庭菜園の復活も奨励している(6)。在来のコメ品種の保全に取り組む中で、家庭菜園も急速に失われていることに気づいたからだ。原因はなんなのか。究明調査で見出された理由は、やはり種子だった。家庭菜園用に使うには高収量品種の値段は高すぎ、苦労して買っても、種子の発芽率が低いうえ、翌シーズンには使えないF1だったのだ。[2] バラスブラマニアン博士は言う。

「家庭菜園が村で無視されているのを目にしてきました。高収量品種の値段が高いうえ、そのパフォーマンスも悪いため、多くの村人たちは家庭菜園での野菜栽培をあきらめていたのです」

村人たちは、市場でも野菜を買っていなかった。野菜を食べなければ健康上よくない。ならば、在来種を復活させればいい。

「そこで、野菜の種子を女性たちに提供し、家庭菜園の立ち上げを奨励したのです[6]」

センターの有機栽培と自家採取のトレーニングを受け、今、約八〇〇世帯、一〇〇〇人以上の女性たちが小さな野菜畑で月平均で三〇〇ルピー（一ドル＝四五ルピー）を稼いでいる。[2、3、6] そして、薬用ハーブも有機栽培するよう奨励し、薬の調合の仕方も指導した。[2、3]

「薬草園の設立を応援し、風邪や腹痛のような軽い症状のために、ハーブを活用する智恵で彼女たちを武装させたのです[6]」

これは近くに病院がない村ではかなり役立ったし、医療費の削減にもつながった。消化器系の病気で弱った牛にはアロエが効くし、人間でも、セイロンベンケイソウが傷、腫れもの、切り傷等の治療に広く用いられている。ほかにも、風邪、咳、切り傷等が薬草で治療されるようになっていく。ハーブ薬品を製造し、他村に販売を始めた人も出てきた[3]。

コミュニティが在来品種を蘇らせ自殺者を救う

センターの活動は、タミル・ナードゥ州五県の一二五カ村の約三〇〇〇人の農民たちに広がり、三七ものサンガが設立されている。センターは、教材、定期刊行物、書籍、ポスター、フィルム等で情報も発信し、農民だけでなく、学生、教師、一般市民向けにも啓発や活動を行っている。間接的な受益者は一万人以上に及ぶ[2,5]。それは、各家庭に食の安全・安心をもたらす[2]。あらゆる村が、サンガの活動を誇りにし、カーストの壁を超えて農民たちが意見交換するフォーラムも形成された。だが、最も重要なことは、農民たちが学んだ知識を用いて、自殺しようとしていた人を救い始めたことだろう[3]。

どの農民たちも、失われた伝統品種を復活させたいとは感じていた。だが、それには、十分な量が確保されなければならない。コミュニティが必要性を確信し、コミュニティ・レベルの農地で保全されなければ、農業生物多様性は維持できない。メキシコでヘスス氏がコミュニティの再生で村を活性化したように、インドでもセンターが伝統品種の復活・保全のために選んだのは、意識誘起された農民たちのネットワークによる農地での種子保全という戦略だったのである[2]。

2　古代インドの植物科学

ヴリクシャ・アーユル・ヴェーダ

インドには、無数の古文書が埋もれている。正確な数はわからないが、三億もあって世界最大だと指摘する人もいる。しかも、古代の人たちの関心は、哲学や宗教だけでなく、医療や農業、気象にも及んでいた。[1] 伝統医療アーユル・ヴェーダは、日本でも有名だが、これとは別に「ヴリクシャ・アーユル・ヴェーダ」と呼ばれる体系もある。サンスクリット語で、アーユル・ヴェーダは「生命の科学」、ヴリクシャは「木」を意味する。すなわち、植物の生命科学だ。[2] その体系は幅広く、種子の収集や選抜、播種や発芽、作付、育苗、耕作、土壌診断、灌漑や地下水、養分や肥料、農業気象、病害虫防除、貯蔵、さらには、家庭菜園の作り方までと近代農学の扱う対象をほぼ網羅する。[1、2、3]

本章第一節で登場したインド知識体系センターのヴィジャヤラクシュミ博士とバラスブラマニアン博士は、この「ヴリクシャ・アーユル・ヴェーダ」に書き記された古代の智恵を、今という時代にどう応用するかという研究にも取り組んでいる。[4、5]

ヴィジャヤラクシュミ博士は、ヴリクシャ・アーユル・ヴェーダとの初めての出会いをこう想起する。
「子どもの頃から、私は園芸が大好きで、家には小さな菜園があったのです。ですが、たくさん花が咲いていたのに、どの花も萎れ、冬瓜はひとつも実りませんでした。

園芸の手伝いに一人の老人が、よくやってきていたのですが、ある日、こう言いました。

『ああ、この実がなるようにするのはとても簡単さ』

老人は根の近くに穴を掘り、オオウイキョウ（乾燥地に原生するセリ科植物）を植えたのです。二週間もたたずに、花は萎れなくなり、小さい果実が実りました。驚いたことに、その年には一本の蔓から一〇〇個も冬瓜が収穫できたのです。この出来事の背後にある原理を理解できたのは、ヴリクシャ・アーユル・ヴェーダの古文書を読み始めた一五年以上も後のことでした。花が果実になるときはヴァータが支配的となります。このバランスが崩れると花は萎れてしまいますが、オオウイキョウは、このドーシャのバランスを直す助けになるのです。それが、大豊作をもたらしたのです(6)」

アーユル・ヴェーダでは、肉体の動きを統制するヴァータ、体内の様々な生化学反応を統制するピッタ、そして、バランスがとれた成長や機能を司るカパと呼ばれる三つのドーシャの不均衡から病気が生じると考える。ヴリクシャ・アーユル・ヴェーダはこの概念を植物にも取り入れているのだ(2)。

緑の革命への懸念から研究に着手

ヴリクシャ・アーユル・ヴェーダがいつ誕生したのかはわかっていない。サンスクリット語で書かれた原著は散逸し、わずか三二五の詩しか残されていない。著者とされているスルパーラは、一一世紀のシャヒ王朝のビーマパーラ王から尊敬された宮廷医だったらしい。詩に登場する土壌や植物、環境から、現在のウッタル・プラデーシュ州のビハール地域のガンジス平原に住んでいたと推測されているが、正確にはわからない。

その存在が、欧米で知られるようになったのは、インドのアジア農業史財団のネネ博士が、オックスフォード大学最大の図書館、ボドリアン・ライブラリーから原稿を手に入れ、ナリニ・サドハーレ博士が一九九六年に英訳して以降のことだから比較的新しい(2)。だが、バラスブラマニアン博士は、一九八〇年代から、ヴリクシャ・アーユル・ヴェーダに着目し、一九八六年以降は、民間伝承の伝統農法を古文書と比較する作業を始めていた(1)。タミル・ナードゥ州には、サンスクリット語以外のタミル語でも膨大な文献が残されていたからだ(3)。博士が伝統農法に関心を持った背景には、前節で述べたように、インド農業を根本的に変え、大問題を引き起こした「緑の革命」がある。だが、センターの発足当時は、在来品種の保全がメインであって、ヴリクシャ・アーユル・ヴェーダが優先されていたわけではない。だが、ある事件をきっかけにこの状況は変わる(2)。それは、神智学協会のチェンナイ本部内にある五〇本以上のマンゴーが、コナジラミの被害を受け、「化学農薬を使いたくない」とセンターに助けを求めてきたことだった。[6,7] センターは、ヴリクシャ・アーユル・ヴェーダの処方箋に従って、被害がひどい部分をまず取り除き、軽傷の部分には、ニーム油とクロヨナ油を二・五パーセント混ぜた石鹸液を一〇日間隔で三回散布し、次にエンベリアとウコンの種子粉末を四対一の割合で混ぜ、一〇日間隔で三回燻蒸消毒してみた。[7] すると、新葉が芽吹き、その年にかなりよい収穫が得られた。この成功で、センターは信用を高めた。[1,7]

それ以降、センターは、ヴリクシャ・アーユル・ヴェーダを紹介する論文を積極的に発表していく。刊行物は多くの人々の関心を呼び、実際に試みたり、アドバイスを求めたりする人も出てきた。[1]

そこで、センターは、政府の科学技術部から支援を受け、一九九七年から、まず、地元の基幹作物であるイネの実験を始めた。[3,4] 用いたのは伝統的なコメ品種で、ヴリクシャ・アーユル・ヴェーダに基づいて、四種類の発芽試験をしてみた。

①二四時間水に浸す
②牛の尿と菖蒲の粉の混合物に二四時間浸す
③二四時間牛乳に浸し、その後、水ですすぎ、牛糞を表面に摺り込み、六時間陰干しした後、はちみつを塗布し、エンベリアの粉末でいぶす
④二四時間、水と混ぜた牛糞に浸す

七日後に草高と発芽率が実験群に対して特定の処理を行わない対照区と比較測定された。成長促進の実験もなされた。土壌、厩肥、木灰の混合物を入れたポットで苗を育て、田植え前に①水で希釈した牛の尿、②牛の尿、③ミルク、④水とギーの混合物、そして、「パンチャガビヤ」と呼ばれる成長促進剤の溶液に浸した。そして、四五日後に、さらにヤギ肉の抽出物、ケツルアズキの粉、そして、ゴマからなる成長促進剤をすべてに散布し、その七日後に、苗高や穂数を測定した。また、収穫後の粒重や病気の発生状況も調査した。こうした実験から、種子を水に浸すことで発芽率が高まること。成長促進剤を適用すると収量がほぼ倍増することがわかった。また、播種前に希釈した牛の尿に籾を浸すと、斑点病やイモチ病の発生がかなり減らせること、籾を牛乳に浸すとウイルス病、とりわけ、イネツングロ病やイネグラッシースタント病への抵抗性が高まることもわかった。近くの圃場が被害を受けた時も、この処理を行った種子には耐病性があったのだ。[1] センターは、プロジェクトの成果として、ヴリクシャ・アーユル・ヴェーダのイネ栽培マニュアルを出版した。[3]

実証実験を通じて古代の技を復活

だが、同時にいくつかの課題も見えてきた。古文書には、賛歌や祈り、マントラ等が含まれているうえ、処方箋も一般的で、その使用割合がわからない。例えば、地元のカレッジで植物学を専攻していた学生たちが、播種前の種子をミルクに浸す実験を行ったことがある。ヴリクシャ・アーユル・ヴェーダに、発芽と成長促進効果があると書かれていたからだ。だが、結果はまちまちで発芽率が高まることもあれば、効果が見られない場合もあった。ミルクに浸すといっても、どの家畜の乳なのか。希釈率がどれだけか。浸す時間はどれだけなのかが、皆目わからなかったからである。(1)

ヴィジャヤラクシュミ博士は言う。

「アーユル・ヴェーダには数多くの専門医師、ヴァイディヤがいますが、ヴリクシャ・アーユル・ヴェーダを実践している人はそれほどいません。とはいえ、勇気づけられることは、この科学については数多くの文献があり、まだその知識を持つ人々が存在していることなのです」(4)

博士が言うように、伝統農法は、古文書だけでなく、口頭の形でも存在している。(3) アーユル・ヴェーダのような専門医師がいなくても、農民たちがやり方を知っている。例えば、病害防除のためにアコンが作り出すラテックス(植物から得られる乳状の樹液)を使う方法は、古文書には一般的な表現でしか書かれていないが、農民たちは、実際のやり方を知っている。青葉を布袋に入れて、灌漑用水路の入り口におくと、雑草やアブラムシの防除に使えるし、葉を一日水に浸して、フィルターで濾した後、白アリがはびこる土の上に注げば、白アリ防除にも使える。(1)

センターが実験農場に薬用植物の展示園を設け、有機農業に関心を持つ人々に、情報を提供していることは本章第一節で述べたが、このバイオ農薬の技術指導は、意外な副産物を産んだ。病害虫の防除効果のある数多くの植物が、研修中に発見されたのだ。ヴィジャヤラクシュミ博士は言う。

「最も驚くべきことは、数多くの農民たちが、父親たちが病害虫の防除に植物をもとにした混合物を使っていたことを思い出したことなのです(4)」

そこで、センターは古文書の収集と並行して、民間伝承の調査や実験室での実験や圃場での実証試験にも着手する(3、8)。そのひとつが、「内発的発展比較支援(COMPAS/コンパス)」と協働した「伝統農業での畜産物利用、南部インドにおけるパイロット・プロジェクト」だ(8)。コンパスとは、アジア、アフリカ、ヨーロッパ、南米と世界各地で伝統農業を評価・推進するため、一九九五年に立ち上げられたNGOで、センターは、創設以来、密接に連携し、そのアジア・コーディネーターにもなっている(3)。また、「地域伝統医療復興財団」等との団体とも連携し、畜産物が作物生産と連携して、伝統的にどう使われているかの実施調査をアーンドラ・プラデーシュ州の二二カ村とオリッサ州の三カ村で行った。その結果、糞尿、骨、脂肪、血液、皮膚、肉等、様々な畜産物が散布剤、燻蒸、ペースト、粉等と様々な形で活用されていることが判明した。しかも、ヤギ糞を散布したり、穴を掘って施用すると作物の生育がよくなること。牛の尿も根元に穴を掘って散布すると果物が柔らかくなることがわかったのである。カーンチプラム県のヴェダンサンガルにはセンターの四・五ヘクタールの実験農場がある(8)。センターは、圃場と実験室で実証確認し、伝統的な畜産製品の利活用マニュアルを作成した(3)。

天然植物の活用研究もされていく。広範囲の病虫害に有効なこと。化学農薬と違って、病害虫の耐性が生じないこと。土壌や水、大気を汚染せず、食物にも残留しないため、安心して食べられること。地

アーユル・ヴェーダによる保全

名称	処理	保存期間
サワラサ	ジュース	3～4時間
カシャヤム	水抽出	24時間
チュルナ	乾燥粉末	6～12カ月
タイラム	油抽出	1～3年
アルカム	蒸留液	1～5年
アリシュタス・アサヴァス	発酵処理	3～5年

出典：文献（4）より作成

元で入手可能な資材で作ることができ、低コスト技術であること。天然植物を使うメリットは数多い。この研究の出発点となったのも農民たちの伝統的な実践だった。よく知られた事例がニームだが、全インド民族植物学協力研究プロジェクトの調査結果によれば、伝統部族の間では、約九五〇〇種もの植物が利用され、うち、三〇〇種以上が農薬として用いられている。農民たちの経験上の知識も豊富だ。とはいえ、現場の逸話からは、ある植物抽出物がどの範囲までの病害虫に有効なのか。あるいは、どの程度の濃度でどう散布すれば、効果があるのかが正確にはわからない。そこで、センターは、ニーム、ニンニク、タマネギ、ペルシアン・ライラック、ウコン、ショウガ、タバコ、パパイア、レウカス、クロヨナ、カミメボウキ、アロエ、チェリモア、ハマゴウ、菖蒲、マチン、アコン等から製造した植物抽出物を農民たちと協力して試験した。その結果、コブノメイガやシンクイムシ、アブラムシ等の害虫だけでなく、イネ白葉枯病、葉枯病、萎ちょう病等を防げ、綿、オクラ、トマト、アフリカナス、シシトウ等、様々な作物に使えることがわかったのである。(3)

だが、天然植物生成物にも弱点がある。原材料に季節性や地域性があり、いつでもどこでも手軽に得られないこと。そして、天然物だけに日持ちがしないことだ。これでは、便利な化学農薬に慣れた農民たちには、なかなか普及しない。そこで、センターは、アーユル・ヴェーダの原理を活かし、保存用のバイオ農薬生産プロジェクトを立ち上げる。

前頁の表を見ていただきたい。アーユル・ヴェーダで使われる医薬品は、煎薬液「カシャヤム」、薬用リキュール「アリシュタス・アサヴァス」、薬用油「タイラム」等、様々な形に加工されている。例えば、カシャヤムは、水を煮立たせ、元の四分の一から八分の一まで減量するシンプルな処理だが、これでも丸一日は保存が効くし、独特の発酵処理「アリシュタス・アサヴァス」を行えば、数年も長期保存できる。「アルカム」のように蒸留処理をすれば、菖蒲に含まれる揮発性成分も長持ちする。センターのスタッフは、専門家から、加工処理法のトレーニングを受けた。

そして、予備試験を経たうえで、二〇〇三年にナーガッパッティナム県アガニ村にバイオ農薬工場を立ち上げた。施設を運営するのは、現場スタッフの指導を受けた三人の農家の女性で、八種類のバイオ農薬を製造し、アガニ村をはじめ周囲の二〇カ村で販売を始めた。この結果、近隣農村の化学農薬の使用量をかなり減らせた。そこで、センターは、カーンチプラム県、ティルヴァッルール県、ティルヴァンナーマライ県にもバイオ農薬工場を設置する。設立のための土地を提供する等、地元農民も活動を支えた。(3)

農業を蘇らせるもうひとつの科学体系

センターは、学術研究機関とも協働している。タミル・ナードゥ州のアナマライ大学農業カレッジの植物病理学部とは、ハーブを用いた伝統的な種子処理でトマトの萎ちょう病対策の共同研究を行っているし、マドラス大学の植物学部とともに、紋枯病に耐性のある在来品種を選別している。インド政府の農村福祉省も、持続的農業の技術資源センターとして認め、政府の科学技術部も持続可能な分野の支援対象NGOのひとつとしてセンターを選定した(3)。

だが、センターは、あくまでもヴリクシャ・アーユル・ヴェーダの世界観から、農民たちの伝統農法を理解しようと試みている。これまで農民たちの伝統農法は、西洋科学によって分析されてきたが、それでは、伝統農法の強化にも評価にもつながらない。西洋科学が有効だと判断するまで無視されるし、たとえ、西洋科学に組み込まれる場合でも、バラバラに断片化されてしまうと考える(1)。

冒頭で述べたドーシャやヴァータといった概念は、近代科学とはあまりにも乖離し、本当に効果があるのかどうか疑問に思える。だが、ヴィジャヤラクシュミ博士は、ヴリクシャ・アーユル・ヴェーダも紛れもない科学だ、と主張する。

なぜなら、古代文献は、経験と知識を統合させることで作られてきたからだ。古代経典のひとつニヤーナ・スートラは、知識には三つの源があると考える。一番目は、直接の観察と経験。二番目は、文献上にある蓄積された知識、そして、三番目は、観察と経験から妥当な結論を下すことだ。アーユル・ヴェーダも、こうした合理的な原則に基づいて体系づけられている(1)。分析型の科学の限界と古代の智恵の奥深さを知らせるものに、バンガロール農業科学大学のクマール教授らが行ったニームの研究がある。ニームには、人間には無害でも昆虫ホルモンを混乱させ、食欲や生殖能力を衰えさせるアザジラクチンという物質が含まれる。そこで、市場で販売される八種類の薬剤中の濃度とＬＤ五〇値（半致死量）を調べてみたのである。ところが、予想とは裏腹にＬＤ五〇値は濃度とは比例しなかった。つまり、殺虫効果は、ある一成分だけでは決まっていないのだ。様々な薬草を組み合わせ、複合的な効果を出すやり方は、まさにアーユル・ヴェーダの薬物療法で用いられるアプローチと同じだ(3)。近代農業技術が、限界を抱えている以上、伝統農法を学び直すことが、世界を再び豊かにすることにつながる(6)。農民たちが伝承してきた智恵と古文書に埋もれた知識とを統合することで、農業は蘇らせることができる(1)。ヴィジャヤラクシュミ博士は、そう主張する。

「古代文書から得られた知識が現在に対応できるよう数多くの実験を行ったうえで、私たちの技術は開発されています。化学資材のオルタナティブは、伝統農法から得られるのです。今、必要なことは、祖先から継承されてきた農業に戻すことなのです(4)」

3 砂漠を沃野に蘇らせる古代ダム

モンスーンの雨を溜める特殊ダム

タール砂漠を抱えるラージャスターン州はインド内でも最も雨が少ない地域だけに、旱魃がよく発生する。[1,2] 二〇〇二年一一月にも旱魃で草以外は食べるものがなくなり、四〇人が餓死した。[1] 一九八五年一〇月に、ラジェンドラ・シン氏が四人の仲間とともにバスの終着駅、アルワル県ビーカムプラ村に降りた時も村の姿は荒涼としていた。[2] 道には埃が舞い、道端に立ち並ぶ数本のテンジクボダイジュやアラビアゴムモドキにも生気がなかった。アラヴァリ丘陵の山肌にはほとんど木がなく、大理石の採石も行われ、[3] モンスーンの雨が降るたびに禿山からは土砂が崩れた。[2,3]

「草の葉一枚すらなく、牛の死体が転がっていました」

シン氏は当時を想起する。

地域の農地で灌漑されているのは、わずか三パーセント。残りは天水農業だから、旱魃になればすぐ被害を受ける。[2] 村経済の柱である農業がふるわなければ仕事もない。男性のほとんどはグジャラート州の大都市、アーメダバードやデリーに出稼ぎに出かけ[1、4]、若者たちも村を去った[2]。残された女性たちの暮らしも楽ではない。川や池がすっかり干上がり、井戸も枯れ、一・五キロも遠方から水を運ばなければならなかったからだ[3、4]。政府はアルワル県の大半の地域を地下水が枯渇した「ダーク・ゾーン」に指定していた[2]。

もともと、シン氏が村にやってきたのは識字力向上運動のためだった。だが、「私たちには読み書きの力はいりません。欲しいのは水なのです」と村の老人、マング・パテル氏から告げられ、シン氏は戸惑った[2]。

「水の価値を教えてもらっても、私は水のことも、どうやって水を得ればよいのかも皆目わからなかったからです[4]」

だが、そのヒントは地元に眠っていた。次頁の図、「ジョハド」と呼ばれるユニークな伝統技術だ。ジョハドは、斜面に築かれる三日月型のダムで、上側は降った雨水が流れ込むよう開かれ、下側は水を堰き止める堤になっている。モンスーンの雨が降れば、堤の上側には水がたまって池となる。広さは二〜一〇〇ヘクタールと様々だが、通年水が溜まっているのは、大きいものだけで、ほとんどは半年も経たずに干上がってしまう。だが、それでよい。地表に貯水するのではなく、地下水を涵養することが目的だからだ。溜まった水はゆっくりと地下へと浸透し、再び川へと流れ出る。土壌条件や地下水位によっては数カ月先に及ぶこともあるが、地下に貯留された水は蒸発しないから目減りしないし、地表に水

ジョハド（三日月ダム）のしくみ

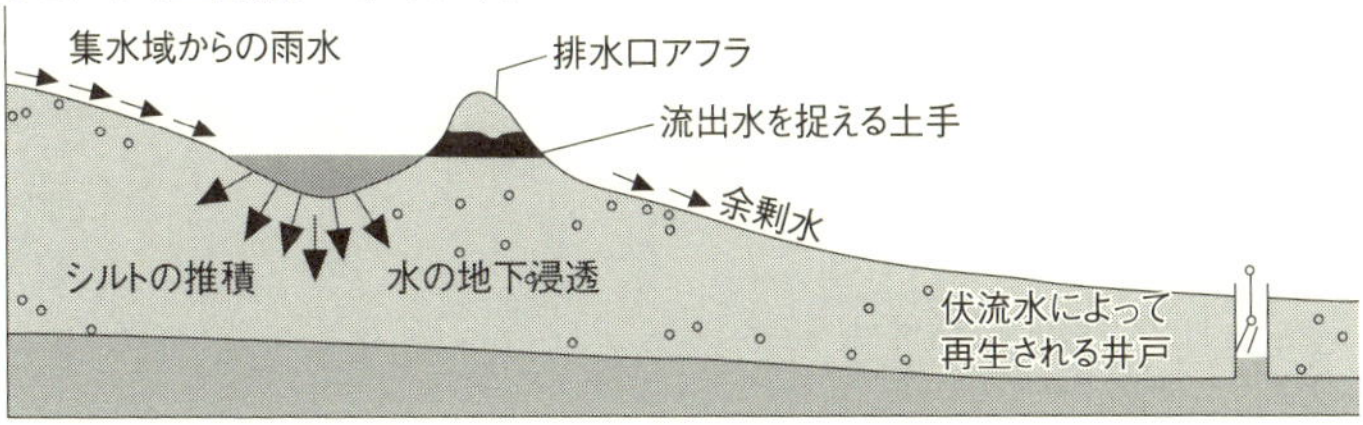

出典：Watershed Markets, Case Studies: India-Arrvari Catchment
http://www.watershedmarkets.org/casestudies/India_Arrvari_eng.htm

がないから、蚊も発生せず、人や家畜の屎尿で汚染されることもない。旱魃が数年続いても井戸水は枯れず、地下浸透する間に濾過された水が飲める。[1、2]

ジョハドには、さらにメリットがある。豪流を堰き止めることで土壌侵食が抑えられるし、良質なシルトが溜まり、渇水期に水が引いても、土壌水分は保たれ、無灌漑で作物が栽培できる。つまり、通常のダムとは違って、貴重な農地をつぶさない。

堤体のほとんどは泥で築かれ、石や砂、石灰岩を一部使うことがあっても、いずれも地元で入手できる地域資源だ。流速や水圧等により堤の高さや規模は様々だし、水圧を緩め余剰水を排水する排水口「アフラ」が設けられることもあるが、村人たちは測量をせずに、最大流量を経験や直感で見積もることで施工される。つまり、外部資材を必要とせず、村人自身の手で、構築・維持でき、資金もかからないダムなのだ。[2]

なればこそ、ジョハドは、何百年もラージャスターン州で築かれ続けてきた。村レベルで水資源を管理するしくみが衰退し[1]、村人たちが深刻な水不足に苦しめられるようになったのは、二〇世紀になって大規模な国営水資源開発プロジェクトが始まってからにすぎない。だが、幸いなことに、シン氏が訪れたビーカムプラ村には、まだ伝統的な水管理の智恵が村人たちの記憶の中に生きていた。

「そこで、マング・パテル氏のアドバイスによって、私たちはジョハドを造り始めたのです[2]」

古代技術で蘇る河川と村々

シン氏が率いるNGO、若者インド協会こと「タルン・バラト組合」は、一九八五年にまずゴパルプラ村から仕事に取りかかる。ラージャスターン州の他の村々と同じく、同年の旱魃で打撃を受け、村内のジョハドも破損していた。人口わずか三五〇人の村には四二〇m長、一五m幅、六m高のダムを修復することは大変な作業だった。だが、修復費の一部が補助されることで、約二〇〇ヘクタールを灌漑できる水が溜められる。

この成果を目にすると、他村も続いた。一九八八年には七カ村でジョハドが復活し、一九八九～一九九一年には、バオンタ・コルヤラ村等さらに各地へと広まっていく[3]。一つひとつのジョハドは小さく目立たない。だが、数百、数千と積み重ねられると、少しずつ流域の地下水位が高まり、枯れた大地が蘇っていく[2]。木々や低木が芽生えれば、斜面を流れ下る雨水の流速も遅くなる。そして、奇跡が起きた。

バオンタ・コルヤラ村のダハーナさん（七〇歳）は言う。

「村の暮らしは変わりました。それまで、私たち女性は、三～五㎞も歩いて水汲みに行かなければなりませんでした。ですが、今は井戸には水があり、川にも流れがあるのです」

アルジュン・グジャール氏も言う。

「子どもたちは川で水遊びをし、女性たちは洗濯をして男性たちは風呂を楽しみ、動物さえ身体を洗ったり、飲み水を得ています。以前はデリーやアーメダバードのスラムに移住していた人々が、村に戻ってくるまで状況が好転したのです。川は蘇り、六〇cm、一〇キロもある魚が生息しているのです」(3)

タルン・バラト組合の支援で流域の各村がジョハド復活に取り組み、その数が三七五になった一九九四年。一九四〇年代以来、半世紀もモンスーン直後に泥水が流れる以外は枯れていたアラヴァリ川は再び流れだす。(2、3、4) 澄んだ水が通年流れれば、魚も自然に増えていく。(2) さらに、同じく何十年も干上がっていたサルサ川、ルパレル川、バハガニ川、ジャハイワリ川も復活した。(2、3、4)

シン氏もこの結果には仰天した。

「驚かされたのは、私たち自身です。(2) 河川再生は当初、意図したことではなかったからです。(4) 川の水が地下水で涵養されていたことを知らずに、私たちは、何年もジョハドを建設し続けていたわけです」(2)

かつて、ラージャスターン州といえば、旱魃や水不足の象徴だった。だが、今は違う。ジョハドが地域を変え始めたからだ。(1) 例えば、タルン・バラト組合が活動する一〇〇〇以上の村のひとつ、マンダルワス村は、過去一五年で四五ものジョハドを構築した。地下水位は高まり、村人たちは一〇〇〇以上の井戸を手にしている。高齢の女性、ラチャマバリさんは言う。

「前の世代は、今の幸せを決して手にできませんでした。水のおかげで、私たちも私たちの牛も野生生物も幸せです。森は緑色になり、収穫物は増え、薪や牛の飼料、そして、井戸にも水があるのです」

わずかの水と一日一食で生き延びてきた村人たちは今、栄養価が高い食事を日に二食、三食とり、野菜や換金作物も栽培できている。森が蘇り、飼料用の樹木の葉や薪がふんだんに手に入れば、女性たちの水汲みや薪集め、牛の世話の手間も減る。[4] 地下水位があがればディーゼル・ポンプの経費も減らせる。飼料が手に入れば牛も飼え、牛乳も飲める。少女たちが学校に通うことができる時間もでき、村の暮らしは豊かになっていく。[2]

最初のジョハドが完成するまでは三年の歳月を要した。だが、四年目には五〇、五年目には一〇〇と構築スピードは加速していく。[2] その理由をシン氏はこう説明する。

「ゴパルプラ村では、成果を収めるまで三年がかかりました。ですが、翌年には四五カ村で同じことが達成できました。それは、村人たちの積極的な参加によって可能になったのです。関心を持つ人々に成功が知らされ、隣接する村々が自分たちも成功しようと手を携えて努力することにつながったからです[5]」

二〇〇一年には構築数は約一〇〇〇にもなり、一〇〇〇以上の村があわせて約九〇〇〇ものジョハドを手にすることとなった。シン氏が活動を始めた時は、「ダーク・ゾーン」と指定されていたほとんどの地域が、一〇年後には、地下水位が回復し、政府からのケアが不要な「ホワイト・ゾーン」に分類された[2]。アルワル県の人々は自尊心を取り戻し、人影にとぼしい村には再び人々が住み始めた。そして、活動は、ジャイプル県、ダウサー県、サワーイー・マードープル県、バラトプル県、カラウリー県と他県の村々も蘇らせ、グジャラート州、マディヤ・プラデーシュ州、アーンドラ・プラデーシュ州等、その活動地域は六五〇〇km²まで広まっている[4]。

自然を守り、虎や魚と共生する村人たち

今、ジョハドは約一四万ヘクタールの大地を潤している。タルン・バラト組合によれば、アルワル県や隣接地区の約七〇万人が、家庭用の飲料水や家畜、作物用の農業用水の恩恵を受けている。一つひとつは小規模でも、全体で見たメリットは大きい[1]。加えて、経済的にも優れている。グジャラート州にある巨大ダムプロジェクト「サルダル・サロヴァル・ダム」の建設費は控え目に見ても三〇〇〇億ルピー(六〇億ドル)で、用水費はヘクタール当たり一七万ルピー、飲用水では一人当たり一万ルピーになるが、ジョハドで灌漑すれば、用水代はヘクタール当たり五〇〇ルピー(一〇ドル)と三四〇分の一、飲用水も一〇〇ルピー(二ドル)と一〇〇分の一ですむ。構築スピードも速い。アルワル県でジョハドが再建され始めたのは、グジャラート州政府がダム工事に着手したのとほぼ同時期だが、アルワル県の住民たちがすでに恩恵を得ているのに対し、巨大ダムの周辺住民はまだ一滴の水すら手にできずにいる。しかも、ダム建設のために、すでに約四万人が移転を強いられている。完成までには、さらに多くの

人々が移転することになろう。だが、ジョハドでは一軒も転居せず、川も破壊されず、広大な森林や農地も水没しない。それどころか、川や森を作り出しているのだ。

にもかかわらず、ジョハド建設への政府の支援はろくになく、シン氏は反対や敵意に何度も直面した。例えば、アルワル丘陵は、インドで最も知られた野生動物保護地区のひとつで、サリスカ虎のサンクチュアリーでもある。(1) タルン・バラト組合は、この「聖域内」に一一五、「緩衝地域」やその周辺域には、さらに六〇〇ものジョハドを建設した。(4) そこで、森林局の職員たちは組合と敵対し、(1) 聖域に立ち入ることを禁じた。(4) サリスカ虎の保全地域では、大理石鉱山で利益を得る企業とも対立した。シン氏はこう想起する。

「ジョハドを建設した後も、サリスカ周辺の池や湖の水位はなぜか高まりませんでした。何が問題かはすぐわかりました。鉱山が掘った穴に水が集まっていたのです」

シン氏らは問題を取り上げ、陳情書は最高裁判所でも争われる。一九九一年、法廷は生態的に脆弱なアルワル丘陵で採掘を続けないよう指示を出し、翌九二年五月には環境森林省が丘陵での採掘を禁ずる通達も出す。そして、最終的には聖域周辺や緩衝地帯で運営されていた四七〇もの砕石場が閉鎖されることになるのである。(4)

こうしたこともあって、今は森林当局の態度も変わった。タルン・バラト組合の仕事を評価し、(1) 公園内で活動することを奨励している。[4] 組合が、森林再生に尽力し、野生生物に飲み水をもたらし、密猟を止めるよう村人たちを説得している点も認められた。[1] シン氏の手助けで、虎の密猟者から保護者に転換した人もいる。[4] そして、虎の数も一八頭から約二五頭に増えた。[1]

バオンタ・コルヤラ村の村人たちも「野生生物の聖域」を創設した。聖域では、森林保護やジョハド再建に着手する以前には消え失せていたイノシシ、サル、ジャッカル、シカやヒョウが目にできる。そして、池の横には虎の道が設立された。[1]

復活したアラヴァリ川でも村人たちは自然保護に取り組んでいく。川が蘇ると州政府の水産部局は、漁業権を外部のフィッシング・ビジネスに売却しようとした。[3] 村人たちは猛然と抵抗する。流域の森を保護し、新たに流れ始めた河川が乱開発されないよう、一九九九年には三四カ村の代表たちが集まり、「アラヴァリ委員会」を創設する。[1] そして、マハトマ・ガンディのグラム・スワラジ（自給自足・自助的農村コミュニティ）の思想に基づいて、大量の水を必要とするサトウキビ栽培や水牛の飼育を禁じる一一の原則を定めた。[4] 規則違反者には罰金が課されるが、[1,3] それは、村人たちが自分たちで魚を管理したいためではない。それどころか、村人たちは、全員がベジタリアンで魚を食べないのだ。とはいえ、漁業権を認めれば、いずれそれが水利権にも及ぶことを村人たちは懸念したのだった。[2] 結果として、州政府は契約を取り消した。[1,2] 現在、委員会には七二カ村が参加している。[1,4] 河川もそこに棲む魚もコミュニティによって守られている。

ジョハドの建設費が近代的な巨大ダムよりも格段に安いのも、コンサルタントや技術者に頼ることなく、建設地の特定から構造設計まで、コミュニティが積極的に参加して、維持管理も自分たちがやるという[2]、まさに、参加型の河川マネジメントがなされているからだ[1]。

村に住み込み、眠っているコミュニティの力を呼び起こす

もちろんアルワル県はユートピアではない。ラージャスターン州は、インドでも最も貧しい州のひとつで、公共サービスも不十分で、非識字率も高い。女性たちの権利意識も遅れている。そこで、タルン・バラト組合は、一〇カ村以上で女性グループを立ち上げ、村の意思決定に積極的に参加できるようにした。女性たちは、初めて娘を教育し[1]、児童労働を根絶し、託児所を運営し[3]、学校にきちんと教師を派遣するよう政府に圧力をかけ、役人たちの賄賂要求には団結して抵抗している[1]。バイオマスプロジェクトや植林を進め、紡績・紡織工業で雇用を創出し[3]、近代的公共医療を改善するとともに、伝統医療も推進し、有機農業を幅広く取り入れるとともに伝統農法も見直している[1、3]。

シン氏が、初めて村にやってきたときには、極端に困窮していたこともあり、シン氏は村人たちから過激な活動家のレッテルを張られた[4]。だが、今はアラヴァリ川の奇跡は国際的にも注目され[3]、毎年数千人の視察が訪れる[6]。今やシン氏は、奇跡を行う人と称賛され[4]、二〇〇一年にはローマ・ラモン・マグサ

イサイ賞を受賞した(2、4)。とはいえ、氏は受賞に際し、自分は単なるまとめ役にすぎない、と語っている(4、5)。

「これは人々の伝統的な知恵、農村コミュニティが認められたことなのです(4)。水域保全の奇跡は、村人たちの協力があってこそ可能でした(3)。コミュニティは創造的で、社会変革をもたらす潜在力があるのです。人々のやる気が高まるならば、社会は目覚め、新たな希望をもって働きます。ですが、コミュニティがその持つ力の強さを蘇らせ、自立して働き出すまでは松葉杖が必要です。私は村人たちのその松葉杖となったのです。眠っている智恵の銀行を目覚めさせ、それが機能するように励ましただけなのです(5)」

地元の行政当局は機能不全に陥っていた。そこで、シン氏たちは、官僚機構を通さずに村人たちと直接対応した(2)。

「私たちは政府の計画とは全く異なる戦略を採用しました。どんな活動をするのであれ、村人たちを参加させます。それが長期的な持続性を確実にするからです(3)」

シン氏は、活動状況を把握するため、村人の一員となり、同居して暮らした。

「演説では、こうしたことは達成できません。土や水資源のことをコミュニティがどのように考えているかを理解してからでなければ、方法論は決められませんし、住民たちと一緒に暮らしてみなければ、土と水との関係も理解できません(5)」

ちなみに、シン氏は、もともとは医師だった。だから、インタビューではこんな発言もしている。

「もし、ずっとアーユル・ヴェーダの医師であれば、数人の人々を薬で治療したことでしょう。ですが、今、私は人々の心を広げようとしています。これは、社会の信頼や責任感を前進させる一助となるでしょう。そう、私は人々の魂を癒しているのです(5)」

4 生物多様性を保全する伝統農業

二〇〇〇年前からあったコミュニティによる水管理

ジョハドが成功したポイントは、地域の水文特性を活かしたことにある、とラジェンドラ・シン氏は語る。

「アルワル県、ジャイプル県、サワーイー・マードープル県、ハリヤーナ州のレーワーリー県といずれも乾燥地帯です。ですが、一〇〇年間の降雨チャートを調べてみれば、不規則であっても降水量がバランスしていることがわかります。旱魃が五~六年あった後は雨が多い年が二年ほど続く。このサイクルが繰り返されているので、適切に雨水が貯留できるのです(1)」

シン氏は、インドだけでなくアジア全域でも旱魃の克服が可能だと主張する(2)。だが、ネックとなるのは、近代的な技術思想で、それが状況を悪化させているとも指摘する。

「教育を受けた技術者たちは、ジョハドのような古代の伝統を無視し、人工的に地下水を涵養したり、より厄介な技術を作り出しています。石灰の代わりにセメント、レンガの代わりにコンクリートのスラブを用います。つまり、自分たちが理解できる限られたレベルまで、伝統技術の内容を引き下げ、関連性を断ち切ってしまうのです」

シン氏は、西洋からもたらされた「自然を開発すべきだ」との思想が、自然に対する畏敬の念を台無しにしてしまったと嘆く。

「植民地時代も、その後に独立した政府も、コミュニティから、権利や責務を奪い去りました。独立後の政府は、社会主義的な開発によって『国家が国民の幸せをケアできる』との『幻想』を推進しましたが、それがうまくいかない現実が明らかになったため、今インドは、資本主義帝国となっています。ですが、救いとなるとされる遺伝子組換えやＩＴ技術は、多国籍企業とともに、さらに事態を深刻化させそうです。西洋流の天然資源を贅沢品に変えて掘り尽くしていくやり方では、いずれ資源は枯渇してしまいます。教育革命は、伝統や口伝の知識が貧困の原因だと人々に思い込ませていますが、うわべだけの近代化への夢が、コミュニティを解体させているのです(1)」

なればこそシン氏は、伝統に戻るべきだと主張する。

インドは、厳しい気候や地理的条件に適した独特の科学や工学技術を開発してきた(2)。水ひとつとっても、約六六万もある各村々では、雨水を溜めるために一五〇万もの土の堤防や池が築かれてきた[3、4]。ジョハドはその一例にすぎない。ラージャスターン州のジャイサルメール県やバールメール県は、国内でも降水量が最も少ない乾燥地帯だが、各戸ごとに貯水槽があり、一般用途や家畜の飲み水用の池が設けられてきた。一方、ビハール州のように毎年洪水に見舞われる地域では、溢れた水をうまく利用する「アハル・パイン」と称される工法が開発されてきた。ガンジス川から溢れ出た水は「パイン」と呼ぶ水路によって、三〇〜四〇㎞も遠方の池「アハル」まで運ばれる[2]。ミゲル・アルティエリ教授とパルヴィズ・クーハフカン課長は、インドには三五種類以上もの雨水利用の技術があり、今も現役で機能していると高く評価する[5]。

インドでは、尊敬される長老やグルの指示による実践を通じて技術は伝承されるものとされてきたため、個々の技術の具体的ノウハウは、活字としてはほとんど記録されていない。とはいえ、伝統的な水利用には共通する特徴や考え方がある。ローカルな資源と技術に基づいて、コミュニティの参画によって分散型の水管理を行うということだ。その伝統は古い。二〇〇〇年以上も前のカウティリヤ（紀元前三五〇〜二八三）の著作『アルタ・シャーストラ（実利論）』に記載されている技術思想もシン氏が行った水管理とかなり共通する[2]。

インドでほぼ全土統一に唯一成功したのはチャンドラーグプタ・マウリヤだが、カウティリヤは、その参謀として王朝誕生に貢献した名宰相である[2]。カウティリヤは、農業についても述べている。降雨パターンに応じて播種を行うべきだとし、まず、コメを播種し、その後にリョクトウやケツルアズキを栽培することを勧めた。また、発芽を確実にするため、牛糞、はちみつ、ギーによる種子処理を推奨している。カウティリヤが提唱した牛糞による種子処理は、今でも綿ほかで多くの農民たちが用いている。牛糞や魚、骨、魚等、肥料の大切さを指摘し、[6]林産物を持続可能に利用するため、林野庁創設を提案、森林を分類し、その管理の原理・原則も制定した。[4]カウティリヤは、冷徹なマキャベリストとしても知られ、マックス・ヴェーバーは、『職業としての政治』で「『実利論』に比べればマキアヴェリの『君主論』などたわいないものだ」とまで評価している。

カウティリヤはその才智を傾けて、強大な軍事中央集権国家の礎を築いた。[2]だが、こと水管理については、中央集権的なマネジメントではなく、なぜかコミュニティにこだわった。

『実利論』は、灌漑事業に参加する住民に対して、統治者は土地、道路、樹木や施設を提供しなければならないと説く。一方、事業に参加しない人は、受益権を得られず、同時に寄付金を支払わねばならないと義務を規定する。[2]施設は、所有者が病気の場合を除いて五年間使用しなければリース等で共有し、もし、不在であれば、コミュニティによって維持管理せよと説き、廃棄する場合を除いて、公共施設である灌漑設備を売却したり、抵当権に入れてはならないと縛りをかけた。[3]一方、長年にわたり施設建築に尽力した場合は税を控除するとの飴も用意した。コミュニティによって分権型で水管理をするための法制度や経済制度が二〇〇〇年以上も前から考えられていたのである。[2]

利活用しながら生物多様性も保全する叡智

天然資源を保全、管理するために、今、世界各地では国立公園や自然保護区、野生生物保護区が設けられている。だが、こうしたアプローチは、野生動物と人間との対立を深め、地元コミュニティと管理当局との対立も招き、結果として、海洋生態系でも地上生態系でも生物多様性を保全する目標を達成できていない。(3) だが、本章第一節で述べた在来種子にしても、同第二節で紹介したヴリクシャ・アーユル・ヴェーダにしても、その基礎には生物多様性がある。インドは、古くから農業が発達し、人口密度が高いにもかかわらず、なぜ豊かな生物多様性が保全されてきたのだろうか。実は、多様性の保全は分散型のコミュニティによる水管理とも関連している。

インド全域では、流域に沿って各コミュニティで数百平方メートルから五〇ヘクタールもの池や沼が森林とセットとなってパッチワーク状に保全されてきた。そこに棲息する動植物も開発にさらされることなく保護されてきた。現代的にいえば、ビオトープ・ネットワークや生態回廊（コリドー）を整備してきたことになる。(7)

ジョハドのような人口貯水池も周囲に樹木が植えられ、生物種の豊かな生息地となってきた。(3) 植林の伝統は古く、科学者であったヴァラーハミヒラ（五〇五〜五八七）は、著書『ブリハット・サンヒター』（西暦五五〇年刊行）で、貯水池の詳細な技術構造を解説するとともに、「貯水池の脇に木陰がなければ、それは魅力的には見えない。土手には菜園を設けよ」と述べ、事業完了後に植栽すべき数多くの樹種をあげている。[3、4] 一三六種もの植物の詳細な管理法のいくつかは、今も森林マネジメントに反映されているほどだ。[4]

この貯水池と関連して、大切にされてきた樹種のひとつにイチジクがある。紀元前二〇〇〇年ごろ栄えたモヘンジョダロで出土した印鑑にも描かれているが、これは生物多様性の保全から見ても理にかなっている。[3] 熱帯生態系の生物多様性を維持するうえで「かなめ」となる植物だからだ。[7] 七五カ国以上で二六〇ものイチジク属種を調べた研究によれば、爬虫類や魚に加え、九二科五二三属一二七四種の哺乳類や鳥類がイチジクを食べていた。[3] つまり、イチジクを保存することは、果実を常食する鳥類繁殖に役立っていたのだ。[7]

そして、多くの野鳥が保護されてきた。コウノトリ、ギンシラサギ、サギ、トキ、鵜、ペリカン等の巣は、村のごく近くにあっても大切にされてきた。これも、アグロエコロジー的に見れば意味がある。例えば、カルナータカ州のバンガロールには、「コウノトリの村」として知られる村があり、コウノトリや灰色ペリカンがはるか昔から保護されてきたが、それは、鳥のグアノが肥料として役立つことを村人たちが意識してきたからだった。[7]

もちろん野生動物は、保護されるだけでなく、生きるために活用もされてきた。だが、そこには、資源の枯渇や乱獲を防ぐための様々なしくみが設けられてきた。

そのひとつに資源利用量に規制をかけることがある。森林を例に取れば、多くの村では森林はコミュニティの共有林として管理されてきたが、その利用にはルールが設けられていた。例えば、ウッタラーカンド州チャモーリー県ゴペシャワール村では、薪を集められるのは、週に一度、かつ、各世帯一名との掟があった。これが、村の森林保全につながっていた。

利用に季節的な規制をかけるやり方もある。同じウッタラーカンド州ティヘリー・ガルワール県のヤムナ川では、村人たちは網と毒を使って魚を漁獲しているが、網が通年利用されるのに対して、毒による漁は、流量が多く、かつ、祭りと関連した数日しか許可されていない。毒の影響が及ばないようにしていたのだ。

カーストごとに利用資源を変えて、開発圧を分散させている例もある。西ガート山脈では、クンビスとガヴィリスと呼ばれる狩猟部族が暮らしているが、クンビスは、丘陵下方や谷で稲作を行う。野生動物の狩猟もするが、家畜は牽引用に数頭の牛しか飼わない。一方、ガヴィリスは、丘陵上方で、水牛や牛を放牧し、狩猟はしない。バターやミルクをタンパク源とし、このバターをクンビスが生産するコメと交換している。狭い領域内で他の部族とライフスタイルを棲み分けることで、地域資源が枯渇しないようにしている。マハーラーシュトラ州西部の準乾燥地で暮らす三つの遊牧狩猟民たちも、猪、ヤマアラシやオオトカゲを狩猟する部族、インドカモシカ、鹿、鳥の狩猟に特化する部族、マングース、ジャッカル、猫等の小型肉食動物を罠を仕掛けて獲る部族と別の対象を狩猟することで資源枯渇を防いでいる。また、個々の動物の狩猟にあたっても工夫が見られ、例えば、マハーラーシュトラ州アフマドナガル県の狩猟部族は、インドカモシカを狩猟しているが、子鹿や妊娠した雌ジカが罠にかかったときには、解き放つのが伝統となっていた(7)。

こうしたインドの自然保護の取り組みや思想のルーツをたどっていくと、驚くほど古いことがわかる。森林保全は紀元前一五〇〇年の経典に早くも述べられ(4)、紀元前八〇〇年に編纂されたとされる『アタルヴァ・ヴェーダ』もこう謳っている。

「おお、大地よ! 丘陵、そして、雪におおわれし山や森の心地よさよ。おお、多彩に色づき、強く守られし大地よ! 打ち倒されることもなく、傷つけられることもなき、この大地。その上にこそ我は立つ」

「おお、母なる大地よ! 我は、汝からすべてを引き出せる。速やかなる再生あれ。力に満ちた汝の生息地や心臓を我が損なわずにいることを」

近代的な表現ではないが、自然生態系が保全される場合にのみ人間が支えられて、人間は生きるために資源を使えるが、酷使や乱用を避け、その利用が再生可能でなければならないことが指摘されているのがわかる(3)。

エコライフを文化として織り込んでいた伝統社会

とはいえ、動植物の多くは、宗教と結び付けられ、「聖なるもの」と考えられることで、絶滅を免れてきた。例えば、最も広く保護されている樹木はボダイジュだが[7]、インドボダイジュ、ベンガルボダイジュとフサナリイチジクはヴィシュヌ神と関連する聖木で、マルメロとミサキノハナはシヴァ神、同じくマルメロとジュズボダイジュは、シヴァ神が肉体化したルドラ神と関連している。アカシアも火の神アグニの象徴として敬われてきた[4]。

「聖なるもの」は、動物にもある。例えば、インドの国鳥でもあるクジャクは、シヴァ神の二番目の子ども、カールッティケーヤ神とされてきたため狩猟されず、タミル・ナードゥ州のカールッティケーヤ寺院には豊富にいるし、グジャラート州西部やラージャスターン州全域でも広く保護されている。青カワラバトも聖者シャー・ジャラルの化身とされたために保護されてきた[7]。

最も極端なエコロジストは、ラージャスターン州のビシュヌイ教徒だろう。ビシュヌイ教は、ヒンズー教の一派として一四八五年に誕生したが、地元産のマメ科樹木「ケヘジ」を最も聖なるものとし、経済的価値が高くてもこれを切り倒すことを禁じている。教徒たちは、インドカモシカやガゼルの一種、チンカラ等の野生動物も殺さない。一六三〇年にジョドプールの領主が、新宮殿の建設のため、樹木を伐採しようとした際には、三六三人の信徒たちが、木を守るために自らの命を投げ出したほどだ[1、4]。同教はこう主張している。
「一本の樹木を救うため、たとえ一人が頭（命）を失わなければならないとしても、それは高い買い物でないことを知れ」[3]
今もこの伝統が生きているため、乾燥した脆弱な生態系の中でも、教徒たちの村は野生生物や緑が豊かで生物多様性が保全されている。[1、4] 前述した流域に沿う木立や沼も、神々と関係することから守られてきたのだ。[7]
インド知識体系センターのバラスブラマニアン博士はこう主張する。
「環境に優しい科学技術や開発モデルが今、世界中で求められています。とはいえ、そのほとんどは、数世紀にわたって環境を破壊してきた工業化のツケへの後追いの処方箋でしかありません。『もっと自然に優しく』という声があっても、本質的には自然と対立する哲学の『調整策』でしかありません。ですが、これとは対照的に、インドには、生物多様性や生物資源の保全の伝統があったのです。この二〇〇〇年でインド社会は大きく変貌しましたが、環境に優しい数多くの伝統や習慣がいまだに残されていますし、それは、社会の核心に織り込まれています。伝統を見れば、インドが本質的に『エコロジー的に優しい社会』だったことがわかるのです」[7]
名宰相カウティリヤが定めた法制度は、経済的に見て現実的なしくみではあったが、コミュニティの灌漑施設の建設や維持管理に住民たちが参加する動機はそれ以外のものからもたらされていた。参画することそのものが、宗教的に価値ある行動とされていたのである。[2]

森林や土壌、水、野生生物、そして、環境全体を地元住民の共有資産と考えることが、何世紀にもわたってコミュニティが受け入れてきた世界観だったし、過去数千年にもわたって、極めて健全な状態で、森林や水等の天然資源が保全されてきたのは、持続的に得られるモノだけで満足し、貪欲になってはならないとの伝統文化があったからだった。[7]

インドの自然史を研究してきたガードギールとグーハは、持続性を確保するうえでの宗教や伝統的なしきたりの役割に着目し、こう述べている。

「産業社会における科学的な処方箋は、狩猟採集や農民社会における持続的な資源利用や多様性保全のためのシンプルな経験則以上の進歩をほとんど示していない。同じく、科学的な処方箋の実施を担保するために法的に成文化された手順も、社会的なしきたりや宗教に基づく過去の手順ほどは機能しない」[3]

では、ヒンドゥ教と並ぶ仏教ではどうなのか。仏教が栄えた国、スリランカではどうだったのだろうか。

5　スリランカの古代灌漑

農業近代化で自殺していく農民たち

本章第一節では、インドで農民たちが自殺していると述べた。だが、自殺問題はスリランカの農民たちにとっても同じく深刻な問題だ。一〇万人当たり五五人とスリランカは世界で最も自殺率が高い。うち七五パーセントは農薬によるものだ[1]。例えば、北中部州のポロンナルワ県は、土地は肥沃で、気候条件にも恵まれ、灌漑用水のネットワークもある。農業の最適地であるのに、一九九五年には三〇人もの小規模農民が自殺している[2]。なぜだろうか。

実はこれも緑の革命が関係している。スリランカのコメの平均収量は、一九七〇年代のヘクタール当たり二トンから八〇年代前半には三・五トンと増えた。現在は九五パーセントが高収量米品種となっている[4]。ところが、七・五トンの収量があるといわれながら、現実には四トンもとれない[3]。長年、化学肥料や農薬を使い続け、土壌が劣化し、侵食も進んだためだ[2,3]。

一方、投入経費はごく短期間に激増した。化学肥料代は一九七一年にトン当たり四一ルピーだったが、今は七〇〇～一二〇〇ルピーもする。トラクターや農薬代も加えると、ヘクタール当たり三二万五〇〇〇ルピーもの経費がかかる。[1] 借金を負っても返せない。結果として、自ら命を絶つしかない状況にまで追い込まれてしまうのだ。[2]

水田での農薬使用量は、スリランカが独立した一九四八年には二万九〇四一トンだった。それが、一九七七年に一二万二〇〇〇トン、一九八二年に一八万六〇〇〇トンと増えていく。面積当たりでは一九七七年から一九八三年でヘクタール当たり一二〇〇～一八〇〇グラムになった。アフリカやラテンアメリカ諸国の使用量は一〇一三グラムだから、さらに多い。おまけに使われているのは、「ダーティ・ダズン」として、先進国では使用禁止の危険物質だ。だから、毎年約二万人が農薬中毒にかかり、平均二〇〇〇人が死んでいる。[1] カンディにあるティーチング病院の検査では、膀胱癌患者の五三パーセントが農民だった。灌漑用のメガラワ貯水池からは除草剤DCPAや殺虫剤クロルピリホスが検出されている。

化学肥料の大量使用も水質を悪化させる。カルピティア半島では、メトヘモグロビン血症を引き起こす硝酸汚染が深刻で、地下水の硝酸塩濃度は非農業地帯ではリットル当たり〇・二㎎なのに、集約農業地帯では一〇～一五㎎もある。また、不純物としてカドミウムを含むリン酸肥料を使っているために、重金属が北中部州で栽培された米や用水中の淡水魚に生態濃縮している。ペラデニア大学農学部のサラス・バンダラ教授によれば、アヌラダープラ県を中心に五〇〇〇人以上が慢性腎不全で治療中なのも、これが原因だ。

これほどの汚染や犠牲を払ったとしても、化学肥料や農薬が高収量や所得増に結び付くならばまだいい。だが、現実は違う[1]。稲作農家が使用した尿素は、二〇〇〇年の一九万三〇〇〇トンから、二〇〇四年に二二万トンに増えたのだが、一トン当たりの収量は、二〇〇〇年の一四・八二トンから、二〇〇四年には一一・九四トンへと落ちている[4]。

内戦につながった経済自由化と貧困拡大

第二章第六節では貧困が原因で、ペルーで政府軍とゲリラとの内戦が起きたことについてふれた。スリランカも似たような状況にある。反政府ゲリラ、「タリム・イーラム解放の虎」と政府軍との内戦が一九八三年から始まり、二六年も続いた。この内戦で、若者や女性等一三万五〇〇〇人が命を落とし、農業も荒廃した。終結したのは二〇〇九年と二年ほど前のことにすぎない[4]。そして、ビア・カンペシーナのサラス・フェルナンド氏によれば、この内戦の背景にあるのも農村の貧困と社会不安だ[5]。

一九九二年に国際農業開発基金が、世界一一四カ国で農村貧困の調査を行ったところ、スリランカが最も貧しいことが明らかとなった。一九九六年のFAOの世界食糧サミットでも低所得で食料が不足する八〇カ国のトップと指摘された[1]。二〇〇六～〇七年の国内調査でも、子どもの二二パーセントが体重不足で、四～五歳児では二五・三パーセントが栄養失調状態におかれている[4]。スリランカ人の主食は米で、五人家族が日に二度食事をするには米代だけで月に二一〇〇ルピーほどかかる。ところが、約二〇〇〇万人の国民のうち、実に半数の一〇〇〇万人、二〇〇〇万世帯が一五〇〇〇ルピーしか稼げない。なぜ、スリランカはこれほど貧しいのだろうか(6)。

フェルナンド氏は、一九七七年から世界銀行の指導によって政府が急速な経済成長を目指す戦略を立てたためだ、と主張する(6)。革命ではなく、議会選挙を通じて社会主義政権が誕生した事例といえば、一九七〇年のチリのアジェンデ政権が有名だが、それ以前からスリランカでも社会主義政権が選ばれてきた。独立以降、無料の食料配給、大学までの無料教育、無料の医療サービスが実施され(7、8)、農業も手厚く保護されてきた。だが、これが一九七七年からがらりと変わる(1)。

世界銀行が考える貧困削減の最善策は「トリックル・ダウン理論」である。そこで、コメのように経済的価値が低い作物の生産を止め、高付加価値型の輸出作物へと切り替え、コメは輸入すべきだとのアドバイスがなされた。この転換を達成するには、小規模な稲作自給農家には離農してもらわなければならない。世界銀行の指導のもと、政府は稲作農家の支援策をカットしていく(1、6)。補助金は撤廃され、肥料価格は値上げされ、固定米価は廃止された(1)。農業改良普及事業や低利融資も廃止され、種子生産も民営化された(6)。農民たちは、役立たない種子に依存して、行き当たりばったりの農業をしているとされたからだ(1)。

だが、それでも農地や灌漑用水を無料で使えるためになかなか農民たちは離農しない。そこで、米国、世界銀行、ロックフェラー財団、フォード財団の援助によって「国際水マネジメント研究所」が設立される。二〇〇〇年には水の民営化販売計画がスタートし、代表には元世界銀行のロバート・マクナマラ総裁が就任した[1]。また、政府の農地売買規制も障害となるため[6]、同じく民営化が実施された[1]。

こうした様々な政策的取り組みの結果、キロ当たり一一～一四ルピーの生産経費に対して、農民たちが八～一〇ルピーで販売せざるをえない状況を作り出すことができた[6]。

ところが、世界銀行が推進した「トリックル・ダウン」は、なぜか理論どおりの貧困緩和にはつながらなかった。代わりに繁栄したのは、農薬企業や銀行、金融業者だけだった[1]。この展開はなぜかインドと瓜二つだ。

ちなみに、輸入ではなく、コメを輸出すべきだとのアドバイスを世界銀行から受けたタイのほうもあまりうまくいっていない。豊かな暮らしを実現するには、さらに多くの所得が必要だとの想定のもとに、タイは食料輸出国とされ、コメの輸出量は一九九五～二〇〇三年で二三三万トンも増えた。ところが、世帯当たりの借金は倍増し、全五六〇万戸のうち、負債を抱える農家が一九九五年の二八〇万戸から二〇〇一年には四〇七万戸へと増えた。この理由も簡単で、農民たちが農場で売る米価と輸出米価とにギャップがあって、輸出が利益につながらないためだ。スリランカと同じように、アグリビジネスや銀行、投機家だけが儲かり、土地なし農民は一五〇万世帯にまで増えた。だが、世界銀行が介入し、緑の革命が始まるまでは違っていた。農民たちは、森林や河川、農地等の天然資源に依存して自給していた。金持ちではなかったが、貧しくはなく、生きられるだけの十分な食料を得ていた[9]。

スリランカも同じだった。フェルナンド氏は、「欲望を抑える仏教思想によって、スリランカ人たちはずっと自然と調和して暮らしてきた。金持ちではなかったが、飢えることはなかった」と指摘する。

実際、古代に繁栄したアヌラーダプラやポロンナルワ文明時代には、ゆうに一五〇〇万人を養えることができた。(6)古代農法は持続可能なだけでなく、農業に携わらない多くの僧侶を食べさせるほど生産性も高かった。ミヒンタレ寺院の「バス・オルワ」に残る遺跡からもそれは明らかだ。(4)だが、古代スリランカ人たちは、化学肥料や農薬を手にしていなかったはずだ。なぜ、食料安全保障が満たされていたのだろうか。古代農法のしくみをアグロエコロジーの目で再確認してみることとしよう。

密森の奥深くに眠る古代工学技術の結晶

一八四八年のある朝、イギリスの歴史家にして、作家兼旅行家でもあるジェームズ・エマーソン・テンネント卿は、松明の光を掲げながら、北部の森林地帯を旅していた。深い森の中には、古代の驚異的な工学の構築物が眠っている。そう卿は耳にしていた。原始林は人間が入ることを拒み、刺がある木が生い茂り、道は狭く登りも急で、一行は一六キロもの道程のほとんどを馬から降りて歩かなければならなかった。そして、目的地にたどり着いた卿の目の前に広がっていたのは、巨大なダムの遺跡だった。

パダヴィヤ・タンク（池）として知られるこの驚異的な工学技術の構築物は一五〇〇年以上も前のものだった。一行は巨大な貯水池や堤防を馬に乗って進んだが、それだけで二時間もかかった。

「湖は二〇～二二kmもの長さがあろう。谷の狭い場所でも一八kmもある。巨大な堤防が修復されれば、少なくとも上流二四kmまでは水が溜まったであろう。ダムそのものも巨大で、長さ約一八km。堤の高さは二〇m以上。堤は上でも九m、底は六〇mもある」

だが、卿を驚かせたパダヴィヤ・タンクは、一二世紀までに構築された何千もの貯水池のひとつにすぎない。最大の人造湖パラクラマ池は二四km²もある[10]。それ以外もポルトガル語の「tanque」にちなんで、「タンク」と呼ばれる何千もの人工の湖やダムが個々の村に水をゆきわたらせるためにネットワークで結ばれている[6,11]。その構造や設計は驚くほど高度なもので、卿は、初歩的な道具しかないのに硬い花崗岩を切り通したその仕事ぶりを絶賛している[11]。

東インドからビィジャヤ王がスリランカに移住したのは、仏陀入滅の年、紀元前五四三年のこととされている[13]。だが、スリランカには、それ以前から、灌漑技術が存在し、コメも栽培されていた。例えば、紀元前六世紀から三世紀にかけて存在した先住民ヤッカスは、ペルシア人たちと貿易を行い、彼らが必要としたコメを輸出するため、肥沃な三日月地帯で発達した小麦栽培技術が稲作にも活用されたらしい。古代ローマとも交流し、プトレマイオスの地図には、首都、居住区、貿易港、そして、水源である神聖なアダムズピークも描かれている[12]。

とはいえ、稲作が全国で広まり、同時にモンスーンを利用した大規模な灌漑事業が始まったのは、シンハラ王朝からだし、世界で最初に巨大ダムが建設されたのもスリランカだった[13]。青銅器時代を経ることなく、石器時代からいきなり鉄器時代まで発展したユニークな水文明が発展したのだ[12]。

例えば、北中部州では、紀元前三世紀に首都アヌラーダプラが建設されるが[14]、この時期には早くも現代の水門に匹敵する「ビソー・コトゥワ」が発明される。この発明で、ダムの放流水を調整でき、巨大な貯水池の建設が可能となった[13]。

西暦一世紀からは、大規模な灌漑用水路の建設も始まる。国内最大の河川は、マハーヴェリ川だが、古代の技術者たちは、湿地帯に位置する山地から平野へと流れるこの水を利用して運河や水路を建設した。また、ウェワと呼ばれる無数の貯水池を築いたが、ダムの堤体は荷重に耐えられるよう底を広くし、適当な地点には洪水吐けも取り付けられていた[15]。

空海も参考とした国土を埋め尽くす灌漑網

では、なぜスリランカでは、これほど古くから灌漑が行われてきたのだろうか。スリランカは、モンスーン地帯の中心部に位置するが[14]、その降雨はインド洋とベンガル湾からのモンスーンに影響される。インド洋からの南西モンスーン「ヤラ」は五月中旬から九月まで雨季をもたらすが、一〇～一一月は乾季となる。また、一二月から二月には、ベンガル湾からの北東モンスーン「マハ」があるが、それ以降の三月から五月中旬までは再び乾季となる[16]。このため、国土の約三分の二は「乾燥ゾーン」となっている。平均降水量は一〇〇〇㎜以上にはなるが、降雨に季節性があり、かつ、蒸発率も高いため、季節によっては深刻な水不足に陥る。[14]この気候条件から、古代シンハラ王朝の王たちは灌漑が必要なことを認識し、モンスーンに降る雨を捉えるためのダム、運河の建設を行ってきたのだ。[10]

では、王たちの仕事ぶりを見てみよう。最初に貯水池を建設したのは、アーバヤ王（紀元前四七四～四五四）とされる。そして、パンドゥカバーヤ王（紀元前四三七～三六七）は、バサワクラマ池をアヌラーダプラに建設した。大規模な灌漑事業はワッサバ王（六七～一一一）によって始められ、王は一一本の用水路と一一もの貯水池を築いた。[8、13]その後の灌漑技術進展の基礎となったのは、マハーセナ王（二七五～三〇一）が築いた最初の巨大な貯水池で、[4]堤高一五m、一八四五ヘクタールもの広さを持つカンターライ池[1]や一八九〇ヘクタールのミンネーリ池を含め、一六もの貯水池を築いた。[4、13]

その後、ダートゥセナ王（四五九～四七七）はさらに技術的に優れた巨大な貯水池カラー・ウェワ（二五八三ヘクタール）を築く。花崗岩を槌で穿ち、五・六km、高さ一〇～一七mもの堤体が作られた。貯水池は、ジャヤガンガ、ヨダ・エラとも呼ばれる八六km、幅一二mもの運河で、アヌラーダプラと結ばれ、王都の発展に重要な役割を果たした。ちなみに、運河の勾配は、キロ当たり二〇cm以下、うち二七kmは、わずか九cmの傾斜しかない。[13]今日の近代技術をもってさえ、達成するのが難しい驚異的な技だ。[12]

その後も、灌漑技術はさらに発展していく。ムガラン王（四九五～五一二）は、テンネント卿を驚かせた当時最大のパダーヴィヤ池（二三五七ヘクタール）を築き、アグボⅢ世（六三二～六四八）は、ギリタール池ほかを構築し、ダップラⅡ世（七九七～八〇二）は、パウドゥ池を構築した。[13]こうして八世紀末には、さらに広い土地で農業を行うことが可能となっていく。

歴代の王たちの中でも、灌漑事業に最も力を入れたのは、パラクラマバーフI世（一一五三〜一一八六）だ。大王は三三年に及ぶ治世の間に、一六五のダム、三九一〇本もの運河、一六三もの巨大な貯水池、二三七六もの小規模な貯水池の建設や修復を行い、スリランカは、東洋の穀倉地帯として知られるようになった。二五五〇年に及ぶ長い歴史の中で、灌漑文明と農業は頂点に達した[13]。

「この国では、わずか一滴の雨水たりとても、人民の役に立つことなくして、海に流されてはならない」

大王はこう述べた[10,14]。

豊かな作物の実りとそれが持たらす富は寺院建設に注がれ、都市には宮殿が築かれ、花園を噴水が飾った[14]。大王が築いたポロンナルワのパラクラマ池の堤体は一四km長、平均高は一二mもあった。しかも、大王のもとでは、現在のマハーヴェリ灌漑プロジェクトでなされているよりも多くの農地が耕されていたのである[2]。

ちなみに、古代スリランカの灌漑技術は、日本とも関連している。王都アヌラーダプラを、仏教研究のために中国人僧侶、法顕が三世紀に訪れているが。法顕は約二〇年現地に滞在し、仏教だけでなく、貯水池や灌漑、水資源マネジメントの手法も詳細に研究した。この法顕の現地調査リポートを七世紀に留学先の長安で読んだのが、空海である[17]。

日本最大の灌漑用溜池、香川県の満濃池は七〇一〜七〇四年に築かれていたが、巨大なために八一八年に決壊し、機能していなかった。そこで、朝廷は技術アドバイザーとして空海を現地に派遣する。空海は、堤体を水圧にも耐えるアーチ構造にし、決壊を防ぐ洪水吐けを設けることで八二一年にわずか三カ月で改修工事を終えている。(18) 杖を地に突き刺すだけで水が湧き出す。全国に残る弘法伝説は、スリランカの最新テクノロジーを目にした人々の驚きがベースとなったのかもしれない。

コミュニティの崩壊で荒廃した灌漑システム

だが、大王の時に頂点に達したスリランカの水文明は、その後、なぜか衰退し始める。大規模な灌漑システムも、それを統制する官僚制度も一二世紀から衰えていく。テンネント卿に感銘を与えた貯水池のほとんども今は完全に泥でふさがっている。なぜ貯水池の多くは土に埋もれ、放棄されてしまったのだろうか。(11)

ドイツ出身の歴史学者カール・ウィットフォーゲルは、マルクス主義的世界観から、大規模であれ小規模であれ、貯水池はすべて中央集権的な官僚制度により構築されたものだと断定した。中央権力が衰退すれば、灌漑システムも維持できないはずである。だから、放棄理由は王朝崩壊で説明できると主張した。だが、ケンブリッジ大学の人類学の教授で、スリランカの灌漑農業研究の第一人者でもあるエドモンド・リーチ卿は、「なるほど巨大な貯水池は官僚制度によって構築されたかもしれない。だが、小

規模な村にある貯水池はそうではなかった」と反論している。[5、11]

巨大貯水池は、二大古都、アヌラーダプラやその後に遷都したポロンナルワの食料生産用に近郊農地の灌漑には使われた。だが、その主目的は噴水等の装飾用の給水のためで、灌漑用に構築されたわけではない、と卿は考える。大王は、一〇一もの寺院や像を建設し、同時に数多くの貯水池も建設したが、それについてもリーチ卿は「それらは実用的な構造物ではなく記念碑だったのだ」と評している。

卿によれば、こうした貯水池は王の権力誇示のために構築されたのであり、農業用のものではなかった。[1]

第二は、これとも重なるが、リーチ卿が「中央政権が混乱し、巨大貯水池が荒廃した以降も村の暮らしは、何ら問題なく続いた。各村には、村人たち自身が維持管理する小規模な灌漑システムがあった」[11、14]と述べているように、農村は巨大貯水池には依存していなかったことだ。[11]

古代スリランカ社会は、中世ヨーロッパからイメージされる封建社会とはかなり異なっていた。中央集権的な政府によって灌漑事業が行われた歴史的証拠はなく、[19]貯水池の多くは、「ラージャカリヤ」と呼ばれるシステムによって維持されていた。ラージャカリヤとは、村人たちが農閑期の四〇日を王のために無償で働く賦役制度だが、[11、14]あくまでも王への敬意を表すもので強制労働ではなかった。[10]例えば、カンディ王朝時代のある王は、宮殿外に装飾用の貯水池を構築しようとして、村人たちからその計画を拒否された。[11]別の王も王宮正面の貯水池の泥さらいをさせようとし、「これはコミュニティの仕事ではない」と村人たちから拒否されている。[20]

テンネント卿はこう書き残している。

「王の年代記でも村の貯水池を気前よく修理する君主たちが称賛されている。この事実は、この仕事が国家のものでなかったことを示唆する。村の貯水池の修復作業は古代から庶民の仕事であった」

農村部の貯水池の維持管理は、「ガマララ」と呼ばれる村の指導者や村の委員会「ガムサブハワ」に委ねられ[14]、コミュニティによって運営されてきた。逆にいえば、コミュニティの絆があったからこそ貯水池は維持できた。

「貯水池の破壊、そして、最終的な放棄は、それを長く維持してきたコミュニティの解体の必然の結果だ。他国ではゆるやかに進むのとは違い、セイロンでは崩壊が突然起こったのだ[11]」

テンネント卿に限らず、ほとんどすべての研究が、コミュニティの重要性を指摘している。では、コミュニティによる維持管理はなぜ衰えてしまったのだろうか。

スリランカは、16世紀にはポルトガル、17世紀にはオランダ、さらに18世紀からはイギリスに植民地支配されてきた。ヨーロッパ人たちは、商品作物の栽培やプランテーションを重視し、それに反対する農民たちの農地に火を放ち、意図的に農業を破壊したりした[1]。とはいえ、一八五五年時点では、北中部州にある約二〇〇〇の貯水池のうち、一五一四はまだ現役で使われていた。ところが、そのわずか二〇年後の一八七三年には一五〇〇が放棄されてしまう[21]。この急な変化は、イギリスが一八三二年にラージャカリヤ制度を廃止したために生じた[4、14]。イギリス人たちはラージャカリヤ制度を誤解していた。封建的な民衆の虐待制度と考えて、これを撤廃したのだが、それが最悪の結果をもたらした[1]。制度廃止のまずさに気づいた植民地政府は、その代替えとして中央集権的な管理部局を設置する[14]。ウィリアム・グレゴリー総督は、貯水池修復に取り組み、一八九〇年にセメントパイプの水門を九五八カ村に提供した。これだけで、コメはかなり増産できた[21]。とはいえ、中央集権的な制度では、衰えたインフラの修復もコミュニティの絆も回復できなかった[14]。それどころか、村人たちの貯水池維持の責務を奪い去ることにすらつながった[11、19]。行政ではコミュニティのようなきめ細かい管理作業が行えないし、近代的なコスト分析に基づけば、次節で述べる野生動物用の貯水池を維持する理由はない[11]。結果として、貯水池の維持管理は古代よりも低い水準にとどまっている[14]。

しかし、一部が沈泥にふさがれているとはいえ、数多くの小規模な貯水池は今も健在で、乾燥ゾーンの農業の基盤となっている[11]。スリランカのコメの約四〇パーセントは、乾燥ゾーンで生産されているが、そのほとんどが古代に築かれた灌漑システムに依存している。古代の貯水池の三二パーセントは北西部州、二三パーセントは北中部州にあるが、その密度は驚くべきほどで、乾燥地帯約四万㎢内に約三万もの貯水池が構築されている。ほぼ一平方キロごとに貯水池がある計算になる。現在も約三三万戸の農家がこうした貯水池の村で暮らし、約一四万八〇〇〇ヘクタールの農地を灌漑している。世界農業遺産が、古代スリランカの灌漑システムをリストのひとつにあげているのもこのためなのである[19]。

6 自然と調和した農的平等社会

では、貯水池がよく機能し、伝統農法や社会の絆がまだ生きていた時代には、スリランカの人々はどのように暮らしていたのだろうか。それを知るには、雑誌『エコロジスト』の創設者でもある故エドワード・ゴールドスミス氏（一九二八～二〇〇九）が、クルネーガラ州の村に暮らす農民、ムディヤンセ・テネコーン氏と一九九〇年に行った対談が役立つ。二〇年前の情報だが、氏の発言をベースに当時の暮らしぶりを再現してみよう。

自然と調和し豊かな食料を提供していた貯水池網

スリランカの伝統的な農村を特徴づけていたのは、寺院、貯水池、そして、水田だった。[1,2] 中でも、村の暮らしで決定的な役割を果たしていたのが貯水池だ。[2] メインの貯水池に入る前に泥を堆積するために設計された「砂防貯水池」、片方の修理期間中に使用する「双子貯水池」等、実に様々な貯水池が造られ、[1,3] それが、社会や伝統文化を形づくっていた。乾燥ゾーンに位置する多くの村の名前が貯水池と同じであるのもそのためだ。[4] とはいえ、すべての貯水池が灌漑用のものではなく、人気のない山の中にもわざわざ貯水池が作られていた[1、3]。その理由をテネコーン氏はこう説明する。

「森林貯水池は、ジャングル内に住む野生動物たちに飲み水を提供するためのものでした。水を求めて村まで降りて来て、農作業の邪魔をしないようにです。何千年も学習期間がありましたから、動物たちもそれが自分たちのものであることがわかっていたのです[2]」

貯水池と用水路と水田は一体となり、かつ、その多くが一〇〇〇年以上も存在してきたことから、人工構築物とは思えないほど地域環境や自然生態系にも溶け込んでいた。快適で涼しい気候を維持し、生物多様性も保全してきた。今も貯水池は湿地生物の最も豊かな生息地のひとつとなっている[4]。そして、豊かな食料をもたらした。

「多くの食べ物が貯水池からもたらされました。蓮の種子や茎を食べていましたし、山芋も育てていました。マンゴー、バナナ、ココナッツ、ジャック・フルーツ等の果樹、コショウ、ヒヨコマメやモヤシ等の野菜も栽培していました。貯水池や水田からはいろいろな魚も多く獲れました。例えば、貯水池で育つルラには造血機能があるため、妊娠中の母親が食べていました。ですが、今は政府がアフリカから持ち込んだティラピアのために、ほとんどの魚が消え失せてしまっています。水田に棲む魚も農薬でいなくなり、私たちの食事は明らかに貧しくなったのです。魚がいなくなれば、マラリアを媒介するボウフラも生き残れます。そこで、マラリアが深刻な問題となったのです[2]」

貯水池は、相互に結び付いていた。上流にある貯水池から流れ出た水は、下流の貯水池へと溜まり、水田を潤し、巨大な貯水池や運河へとつながっていく。[4] 限られた水を何度も再利用することは、乾季の水不足という難題に対して、古代人たちが編み出した智恵だった。[3] この技術がどれほど優れていたのかは、水量変動のことを考えてみればわかる。雨が多い年に最上流の貯水池が決壊すれば、押し流される水流で、下流の貯水池は次々と決壊する。一九五七年の大雨で北中部州で洪水が発生した折に実際にこれが起きた。だが、古代人たちはそれを管理できた。今も国際水マネジメント研究所が調査をしているが、過去にどのような水管理がなされてきたのか。なぜ、現在は十分機能しないのかは依然として解明されていない。[3] 地域全体に及ぶ複雑な貯水量や流水量、降雨量といったパラメータをどうやって決めて貯水池を設計したのかもわかっていない。記録文書も残されておらず、口頭で伝わる断片的な知識を何人かの村の長老が覚えているだけなのだ。[5]

窒素固定樹木とオオコウモリの糞が肥料源

化学肥料がなくても地力を維持する智恵もかつてはあった、とテネコーン氏は言う。

「水田の地力は様々なやり方で維持されていました。ひとつはミーの木で、以前はヘクタール当たり二〇本も植えていました。ミーはマメ科の樹木で窒素固定をしますから、その葉にもリターにも多くの窒素が含まれます。また、その果実はオオコウモリの好物で、熟す時には樹上にものすごい数が集まりました。この糞も窒素を多く含み、貴重な肥料源となったのです。

今の短稈品種と違って、伝統的なイネの在来種は穂軸が長く、藁が多く水田に戻されましたし、村の背後にはジャングルが広がり、そこからは灌漑用水だけでなく、洪水時には水田に土をもたらしたのです。

また、各収穫の合間には、マメ科の雑草を水田に生やすことが推奨されていました。雑草の種子は、水田の脇や周囲にある野生地『ピレワス』から来ますから、私たちはここをけっして耕しませんでした。ピワレスは、水田を耕す水牛たちの休息場でもありました。雨が降れば、水牛の糞は下側の水田に流されて肥料となります。私たちが大小便をするのもピレワスに生える低木の木陰でした。これも地力づくりに寄与しました。ですが、今は、水田面積を増やすためにピレワスは耕されてしまっています。結果としてそれが地力低下と結び付いているのです[2]」

Ⅱ章末の伝統農法コラム②での指摘と同じく、テネコーン氏も水牛時代のほうがよかったと想起する。「トラクターは水牛ほどよいものではありません。ひと組の水牛は九〇〇キロほどの目方があり、その足は水田土壌を押すのに適した形をしています。そこで、粘土が固まり減水深を減らす耕盤が形成されるのです。水牛は土をかきまぜて緩めますし、年に約六八〇キロもの糞をし、尿も大量に出します。これが地力に寄与します。ですが、トラクターは水田には重すぎて、通ったところはどこでも耕盤が壊され、水が地下浸透してしまいます。トラクターを使うと大量の水が必要となるのです。また、土をかきまぜて軽い有機物が表面に浮かび洪水時に流されてしまいます。トラクターは排便も小便もせず、私たちの食事に大切なミルクやギー（不純物を除いたバター）、ヨーグルトも生み出しません。さらに、トラクターは繁殖しませんし、死ねば、別のトラクターを買わなければならないのです。ですから、トラクターは地力低下につながるのです。もちろん、労力は節減されます。ですが、これだけ失業率が高い国で省力化というわけです。昔は労力節減はさほど意味がありませんでした。耕起、播種、収穫、貯水池の維持といつも人手が必要だったからです(2)」

鳥たちのための米を栽培することで害虫を防ぐ

「害虫問題も今ほど深刻ではありませんでした。高収量品種は、茎が短く硬くて、害虫がとまりやすいのですが、伝統品種は茎が長く、風が吹くとなびいて茎にとまりにくかったからなのです。葉も大きく垂れ下がり、陰を作って雑草が生えるのを防いでいました。

イネは、出穂から約二週間の乳熟期の害虫予防が大切なので、この時期には、サボテン・ミルクを水田に注ぎました。これがある害虫の防除にとても効果的でした。また、僧侶から不要な衣を手に入れ、ココナッツ・オイルに浸して芯を作り、水田に灯しました。衣には明黄色の野菜染料が含まれていて、燃やすと明るい光とともに害虫を退ける強い匂いを放ちます。また、蔦の葉を砕いて粉末ジュースにし、これを水口に注ぎました。このジュースは浮いてイネに付着し、害虫、ゴデウェラを殺す効果がありました。

ジャック・フルーツから得られる粘着物質で長いロープを作り、子どもたちが、このロープを引きずることで、虫を付着させたりもしました。あるいは、ドゥマラと呼ばれる樹脂を染み込ませたぼろ切れを結んで、これも水田を引きずります。そして、子どもたちが水田に入って、虫を取り除いたのです[2]」

この手法は、「ボク・ガナワ」と呼ばれたが、田植えや収穫、脱穀時に農民たちが歌った歌詞を見ると、こんなフレーズがある。

「虫害が広がればやれる。そう、ボク・ガナワは最高さ。けれども、それは、殺生の罪を犯すことで、食べ物を得ること。ああ、違う、違う。私たちはそんな罪を犯したりはしない。ほかの命を奪うことで、命を得るなんて恥ずかしいじゃないか」

仏教を信じる村人たちは、害虫防除のための殺生すら、戒めていたのである[6]。

「また、一番効果があったのは、ココナッツの屑をつぶして、水田の四隅に広げることでした。これは、デマリチチと呼ばれる灰茶色の鳥（ツチイロヤブチメドリ）を引き寄せます。鳥はココナッツを食べ、同時に周囲にいる害虫、とりわけ、ゴデウェラを食べてくれるのです。また、『クルル・パルワ』で鳥たちのためにコメを作っていました。鳥たちは、どれが自分たちの水田で、どれが人間用の水田かを学ぶだけの時間がたっぷりありました。なぜなら、何千年間もこれをやってきたからです。鳥たちはめったに私たちの水田には侵入せず、たとえ、侵入したとしても、イネの害虫を食べてくれ、子どもたちによって追い払われたりもしたのです[2]」

貯水池に隣接する水田や下流の水田には、「クルル・パルワ」と呼ばれる区画も設けられていた。(3)鳥専用の水田でコメを食べさせることで、ほかの区画に鳥害が及ばないようにし、かつ、鳥を使って虫害を抑えていたのだった。経験を通じた生物多様性の巧みな活用事例といえるだろう。だが、社会的、経済的な理由から、クルル・パルワも今はほとんどの村で消え失せている。(3)

土地や気候、用途に応じて多様な穀物を栽培

多様性を活かすという意味では、作物も豊かで、一九七四年には三〇〇〜四〇〇種類のコメがまだ栽培されていた。

「北東モンスーン『マハ』と南西モンスーン『ヤラ』の二度の栽培時期のため、別々の品種が必要でした。マハには、生育に四カ月かかる品種(注1)を栽培し、ヤラでは三カ月の品種(注2)を栽培しました。また、六〜八カ月の品種、マウィーも栽培していました。マウィーは僧侶用のコメでした。僧侶は、正午以降は何も口にしませんから、翌朝まで体力を維持するには、栄養価が高い食べものが必要です。マウィーはとても栄養価が高く、タンパク質も多い。それが、私たちが栽培した理由です。ほかにもよい母乳が出るように、授乳中の母親には脂肪や糖分が多く含まれるヘナティを栽培していました。水田で働く男性たち用には炭水化物が多く、エネルギーが出るカニ・ムルンガを栽培していました。

害虫への抵抗性が高い品種もあって伝統的な害虫防除法が失敗した時には、それを植えましたし、わ

ずかしか水がない時のための品種、泥がちな水田、泥が少ない高地用の品種、肥えた土地に適した品種、痩せた土地に向いた品種と様々な品種がありましたが、今は一五〜二〇品種しか残されていません。政府の政策で、それ以外の品種は失われてしまったのです[2]」

そして、収穫された米を保存する知恵もあった。アシやイグサで作られた高さ六〇〜九〇㎝の収納箱か、一七五〇リットルの容量で地上から一m高いところにおかれた「アツワ」に貯蔵され、その脇には台所の囲炉裏があって、煙でいぶすことで病害虫や菌類から種子を守っていた[7]。だが、この保存法も近代化が進む中で有効ではなくなる。

「高収量品種米は保存がきかないのです。伝統品種は少なくとも三年は持ったのに、格納しても二、三カ月後にはすぐカビ臭くなるのです」

この理由もわかっている。化学肥料を使うと収量が増えるのは、主に水かさが増えるためで、乾物では使わない場合とほとんど変わらない。エセックス大学とUNEPの研究は、高収量品種米の日持ちの悪さは、この水分含有量の高さであることを明らかにしている[2]。

森と共生する焼畑農業

「伝統農業にはほかにもメリットがあります。果実を手に入れるために、以前はよくジャングルに入っていたのです。今はジャングルが切り倒されたので、もはや手に入れられません。また、稲作に適さない背後の丘陵地は村の共用地で、各家族が約〇・二ヘクタールほど『チェーナ（ヘーナ）』と呼ばれる焼畑をしていました。数年耕した後に、一〇〜一四年休閑するのですが、今は四〜五年と短くなって森が完全に回復できませんし、政府が勧めないために、かつて焼畑に使われていたほとんどの土地が、それが適さない永久耕作地となっているのです[2]」

風向きやその強さ、雲の色やその高さ、稲妻、湿度、葉の広がり、木の皮の厚さや花の咲く時期から、村人たちはいつモンスーンがやって来るかを予測した。プロローグで指摘したように鳥の鳴き声や行動も降雨や旱魃の予測に使われた。そして、水不足が予想されれば、緑マメ、大角豆、トウモロコシ、ピーナッツ等、旱魃に強い作物を植えた。チェーナでは、数多くの野菜や食用ヤマイモ、キャッサバやサツマイモが栽培されてきたが、シコクビエ、オオアワ、キビ、スズメノコビエ等の穀類が作られていたのもそのためだ[7]。

加えて、焼畑農業を行っていても、森は破壊されなかった[1]。チェーナ栽培は、スリランカでは最も古くある農法だが、エコロジーと土壌保全の原則に基づいていた。自然植生や地力を再生するために休閑期を長くとり、どの土地を使うかも地形や既存植生から、長老たちが体系的に判断していた。土壌の肥沃さに応じて、原生林ムカラン・ヘナ、密植林ナヴァデリ・ヘナ、前回の焼畑から回復中の二次林アタダンドゥ・ヘナ、ほとんどが草地で土壌侵食の傾向のあるイルク・ヘナ等に分けてきた[7]。行う場所は決められ、そこが利用できなければ、手の太さまで育った木の枝があることを意味する「アタダンドゥ・

ヘナ」に移動した。だが、原生林ムカラン・ヘナには決して手を付けなかった[7]。古代人たちは試行錯誤を通じて、厳しい環境で生き延びるには、自然の摂理に順応しなければならないことがわかっていた。だから、肥沃なグライ土は水田に、赤褐土からなる斜面は焼畑に使い、かつ、休閑で地力が回復するよう土地利用調整をしていたのだった[3]。古代スリランカ文明は森林保護にも熱心だったし[1]、農民たちも森林やジャングルを「神」としてあがめてきた[7]。

一六世紀に海賊ロバート・ノックスは船が難破して、カンディ王の捕虜として一五年を過ごしているが、森の破壊を防いでいたのは、法ではなく、むしろ信仰だったと述べている。シンハラ族たちは、先祖がスリランカに侵入した時、先住民である敵の精霊が、高地のジャングル内に逃げ込んだと信じ、森林に入るべきではないと考えていたのだ。

とはいえ、理由が何であれ、高地の森林が保護されたことが、乾燥地帯の農業を持続させるうえで決定的な役割を果たした。島の中心に聳え立つ山々が、モンスーンを遮り、森林はその降雨を溜め、河川の流れを維持してきたからだ[1]。だが、その後やってきたイギリス人たちにとっては、焼畑は原始的で非経済的な農業でしかなかった。その結果、前述したプランテーション栽培によって、熱帯林も破壊されてしまうのである[6]。

宗教と一体化していた平等社会

古代スリランカでは、稲作は職業ではなく、それ以外の社会活動と密接に関わる生き方そのものだった。除草、犂での耕起、田植え、収穫の各段階には、歌、音楽、ダンスの特別な式典を伴っていた。今も残る伝統的なダンスは、そうした式典を起源とし、収穫や耕起を象徴するリズミカルな運動に基づいている。例えば、「カンディヤン・ダンス」は、収穫後に村で実行された「コホマー・カンカリヤ」という儀式がそのルーツとなっている[1、5]。

農業は宗教と一体のもので、寺院が農作業を調整していた[6]。耕起作業は、村の僧侶ゴヴィヤによって始められ、縁起がよいと考えられた時に、寺の鐘が鳴り、村人全体が野に出た[1、5]。僧侶は水田に入り、耕す水牛にあわせて「オー、アマ」「オー、アポ、オー」と歌った。「オー」とは海の音で、「アマ」は母、「アポ」は父のことだ[5]。

農業は家族全員の仕事で、子どもを含めて、誰にも特定の仕事があった。水田から猿を追い払うのは子どもたちの役目だったし、ほかにも牛や水牛の世話をし、水田で父親を手伝いもした。母親の薪の収穫や食事準備、牛や水牛の乳搾りを手伝うのは少女たちだった[1、5]。少女たちは、母親や叔母と一緒に、マットも織った。母親は囲炉裏を保ち、暖炉が家の中心だった。このため、スリランカの家庭では母親の地位が一番高かった[5]。

十分水があるかどうか。適切に作物を栽培するにはどうするのか。病害虫の被害を受けないか。もし、被害があればどうするか。妻には夫を指導する知識があったし、作付や収穫で指導力を発揮したのも女性たちだった。日々の食卓に添えるため、ジャングルや農地から花や果実、山芋、キノコ、ヤマイモ等を集めてくるのは女性たちだったし、生ウコン等の着色料やタマリンド等食品保存添加物になる植物も知っていたし、治療用のマチン、虫癭《ちゅうえい》[注3]、セイタカミロバラン[注4]等数千種類ものハーブもあった。アーユル・ヴェーダの医師としてこうした知識を口伝してきたのも女性たちだった[7]。

村には「アタマ」や「カイヤ」と呼ばれる相互扶助の伝統があり、いつでも隣人たちに助けを求められた[1]。灌漑貯水池・システムを持続させてきたのは、エコロジー的な調和もさることながら、なによりも、この社会経済的な調和だった。例えば、社会学の研究からは、よりカーストが高い地位にいるものは、社会的に恵まれているために耕作地としては不利な貯水池の下側の土地を占める傾向があったことがわかっている。こうした平等とコミュニティの意識の高さが、農地全体を適切な区画に分け、平等にわかちあう「ベタマ」と呼ばれる制度を産んだ。水利用で格差が生じないよう、貯水池に沿って細長く土地は分けられた。筆地の分散は、野生動物からの被害や深刻な旱魃のリスク削減にもつながっていた[3]。他の伝統社会と同じく、収量を最大にするよりも、リスクを最小とすることに関心が向けられていた[1]。

村の住居もユニークで、家は決して孤立して建てられず、あたかも拡大した家族のようになっていた[6]。テネコーン氏は言う。

「家は接近して建てられていました。こうすることで、貴重な土地の損失を最小に抑えていたのです。またこれが村の生活に欠かせない協力を支え、例えば、一人の女性が、大人数の子どもたちの面倒を同時に見られたのです。収穫や貯水池の維持に人手が必要な時に、これは重要なことでした[2]」

主要な農地に恒久建築物を建てることを禁ずる風習もあった。レンガを造る権利を手にしていたのは、王や僧侶だけで、それ以外の人々は泥を固めて作った小屋に住んでいた。レンガと違って泥の家は、すばやく土に戻り、結果として、有機物を農地にもたらす。この習慣も健全なエコロジーの原則の上に成り立っていた[1]。

王朝は繁栄したり衰退したりしたが、村や貯水池は何百年も同じままにとどまっていた[4]。村々を潤し、地下水を涵養し、土壌侵食を防ぐ。貯水池はエコロジー的に理想的な技術だった[3]。この貯水池が各村にもたらした自立が、ユニークな分散型社会への道を開いていた[4]。社会的な一体性とコミュニティの参画。資源をわかちあう平等主義。そして、精神的、霊的な発展[3、4]。これが、古代スリランカを決定づけていた特徴で、平和で持続可能な農村社会の確立につながっていた。そこでは、農民たちの社会的地位が最も高く、食糧安全保障は文化の中に組み込まれていた。そして水資源を保全するために地下水を農業用水として使うことは決してなかったのである[4]。

さて、その後、スリランカがどう変貌したのかは、本章第五節で描いたとおりだ。対談でテネコーン氏と同席したウパリ・セナナヤケ氏はこう述べている。

「今の暮らしは持続可能ではありません。問題は手に負えないほどで、プランテーションに道を通すために、いたるところでジャングルが切り倒され、前例のないスピードで土壌侵食が進み、誰も貯水池を維持しないため、完全に沈泥でふさがってしまった村もあります。さしあたって、誰もが、町や都市に移住しようとしています。そこで、コロンボでは一〇年前には存在しなかった広大なスラムが広がっています。人々は自給することを止め、食料を金銭で購入していますが、その値段は高騰しています。政府は輸出用の換金作物を生産するため、マハヴェリ計画によって広大なダム群を作ろうとしていますが、この国を、熱帯版の西洋型産業国に変えようとする試みは自滅的なのです。それは、栄養失調や飢饉をもたらすだけです。そうではなく、伝統農業を復活すべきなのです。それは今、優先されている開発主義を打ち捨てなければなし遂げられませんが、スリランカにあるべきは、過去の『乳と蜜の流れる大地』なのです(2)」

これは、二〇年も前の発言だが、セナナヤケ氏の期待どおり伝統農業が今という時代に復活する兆しは果たしてあるのだろうか。

7 灌漑農業の限界を突破する古代稲作

旱魃の年も高収量が得られる伝統稲作

近代農業は、地力を低下させ、貧しい農民たちをさらに貧しくし、科学の進歩の名のもとに地域に適した伝統農法や在来品種を一掃してしまった。だが、希望の芽はある。中部州の州都キャンディから約四〇㎞離れたナワラピティヤで[1]、エコロジー保全協会（ＥＣＯ）を創設し、一九八〇年代前半から有機農業と伝統農法に取り組んでいるＧ・Ｋ・ウッパワンサ氏の活動だ[2]。

氏は、元校長だったが、学生たちを通して農民たちの窮状を知る。彼らの重荷を少しでも軽くしたい。そう考えた氏は、退職後に農地を買い入れ、環境に優しい農法の実験を始める[1]。その際、氏が着目したのが伝統農法だった。開発された農法は「ナワ・ケクラマ」と呼ばれるが[3、4]、試行錯誤の末、高収量をあげることに成功する。朗報は村から村へと広まり、農法を学びたいと人々もやってくる。そこで、一〇〇人ほどの若者や女性をトレーニングできるセンターも設置する[1]。

北西部州クルネーガラでも、農民たちが試したところ、成果があがった。州の農業部局も地元ＮＧＯ

から依頼を受け、二〇〇〇年に五人の普及員に農法を学ばせる。担当管内で試してみると、確かにうまくいく。そこで、翌二〇〇一年にはさらに一〇人がトレーニングを受けた。二〇〇三年には、生産費の比較チェックも行われたが、慣行稲作ではキロ当たり一二・九ルピーかかるのに、氏の農法では六・一ルピーと半分の経費ですむこともわかった。州の農業部局は、一五人の所長他、約一五〇人の普及員にトレーニングを受けさせた(2)。

各地で成果をあげていた農法の威力は、二〇〇三〜〇四年にさらに大規模に立証される(1)。北中部州にあるフルル・ウェワ灌漑プロジェクトは、マハセン王が築いた貯水池を一九五三年に修復したもので、四二〇〇ヘクタールもの広さがあるが、事業実施以来、水不足に悩まされ続けてきた。一〇〇回あった作期のうち、作付できたのはわずか二七回にすぎず(4、5、6)、マハーヴェリ川灌漑事業で若干が改善されたとはいえ、依然として水は足りず(5)、予定地の一部しか灌漑できないことが多かった(4)。

そこで、ECOは、二〇〇三年に地区の農民や組合役員向けに、四二回もセミナーを開き、伝統的な歳時記での播種「ペラ・マハ」を訴えた(4)。

二〇〇三年はひどい旱魃で、貯水池にはひと月分の水量の四・三mの水位しかなかった。普通はこれでは作付できない(4、5)。だが、農民たちは、結果が不作に終わっても損害賠償も役員の非難もしないと約束し(3)、勧められたとおり伝統的な歳時記に従い、ひと月早く播種を終えた。その後も水田を濡らす程度しか雨が降らなかったため、収穫を期待せず、ろくに肥料を撒かなかったし、病害虫も発生しなかったから、農薬は全く撒かず、少量の除草剤を散布しただけだった。だが、驚くべき結果が起きる(4)。

ペラデニア大学農学部のタッティル教授の協力を得て、ECOは調査を行い(4)、立地条件が類似したマハーヴェリ灌漑計画下のエッパ・ウェラ区一二〇〇ヘクタールと比べたところ、慣行稲作では二五パーセントも収量が落ち込んだのに、逆に二五パーセントも収量がアップしていた。慣行農法が水不足で打撃を受けたのに、伝統農法では好天続きが高収量につながったのだ。農民たちは驚いた。たいがい、米価はキロ当たり一五ルピーよりも安いが、この年は、全国的に不作だったために一六～一八・五ルピーで販売できた(4)。収量だけでなく、所得も三億四〇〇〇万ルピー以上と過去最高だったのだ(4、5、6)。

スリランカではすでに農業に利用可能な淡水の七〇パーセントが開発ずみだ(7)。アヌラーダプラ県北部では、無理な地下水開発が、地下水位の低下や砂漠化を引き起こしている(4)。だが、それでも足りない。水不足で農地を拡大もできなければ、貯水池に十分な水量がある時しか耕作もできない(2)。マハーヴェリ灌漑計画地でも可耕地の約四〇パーセントは未使用状態だ(4)。

フルル・ウェワ（伝統農法）とエッパ・ウェラ（近代農法）の比較

年	フルル・ウェワ	最後の播種日	エッパ・ウェラ	最後の播種日
2002～03	80ブッシェル/エーカー	12月15日	105ブッシェル/エーカー	12月15日
2003～04	100ブッシェル/エーカー	11月15日	76ブッシェル/エーカー	12月15日
1作と2作目の収量差	25%		－25%	

文献（4）より作成

だが、伝統農法を用いれば、最大五〇パーセントまで用水量を減らせる。[3,6] フルル・ウェワ地区では、二〇〇三〜〇五年にかけ、節水効果の試験も行われたが、[7] 近代稲作のヘクタール当たり七万三八〇四㎥に比べ、一万四九九三㎥ですんだ。乾物一グラムの米で換算すれば五㎥の水に対して、二・三六㎥で十分なのだ。[5,7] なぜ、こんなことが可能なのだろうか。アグロエコロジー的にしくみを確認してみよう。

伝統的な太陰暦に従った栽培

ポイントのひとつは、太陰暦に従って栽培することにある。[3,4] 農民たちは、何世紀もモンスーンの降雨パターンを観察し、月の運行、太陰暦に基づく作付体系を構築してきた。[4] 例えば、一月中旬に開花し、二月一〇日〜二五日に収穫できるコメが一番収量が多いとされてきたが、これには合理的な理由がある。スリランカでは一月前半から二月中旬が年間で最も寒い。イネも生物だから呼吸しているが、夜間に冷え込むと、呼吸率は低下し、光合成で同化された炭水化物が失われない。それで収量が高くなる。[4,5] フィリピンの国際稲研究所の試験によれば開花一〇日前から開花二〇日後に一度気温があがると収量が一六パーセント低下するとされているが、[5] スリランカの農務省の実験もこの事実を確認した。[4]

北西モンスーン「ヤラ」が吹く四月中旬に播種されるコメは、六月中旬に開花する。この時期は昼が夜間より一時間ほど長い。そこで、イネはより長く光合成ができ、かつ、この時期の平均温度も五月や八月より若干低い。これが増産に役立つ。各モンスーンが終われば、乾季が始まるが、リターや家畜廃棄物は水不足のために分解せずに蓄積し、モンスーンの雨とともに分解が始まる。ちょうどその時期にイネがあれば活発に育つ。[5]

ケクラマ農法で病害虫被害が少ない理由のひとつは、この栽培時期にある。[4]乾季は餌が乏しいためにもともと害虫が少ないが、イネやほかの植物が育つにつれて増え、[5]「マハ」の二〜三月や「ヤラ」の八〜九月には大発生する。[4,5]近代農業はこうした条件を一切考慮せずに新たにダムを建設し、深井戸を掘削することで灌漑面積を広げてきた。[4]しかし、ダムが整備できても、水が溜まるまでは作付ができないから、収穫期が害虫の増殖期とちょうどぶつかる。だが、ケクラマ農法では、水が半分しかいらないから、[2]伝統的な歳時記に応じて早めに播種でき、害虫が増える前に収穫できるのだ。[4,5]

不耕起マルチ栽培でイネを育てる

第二のポイントは、不耕起マルチ栽培だ。前節でムディヤンセ・テネコーン氏が述べたように、かつては、チェーナ耕作で、陸稲も盛んに栽培されていた。灌漑稲作が重視されたために衰退したが、[3,8]ウッパワンサ氏はそこに着目した。「ケクラマ」とは、籾を直接播種することを意味する。[4]つまり、雨が降るか、灌漑用水で一度だけ農地を湿らせれば、稲を畑作物として、いきなり播種してしまう。[1]湛水をしないから、通常の均平作業もなされず、平刃の鍬かカルチベーター（耕運機）で土を緩めるだけで、耕起や天地返しもしない。回転耕運機を使う場合も五cm以下まで耕さない。[4]もちろん、イネが乾燥したり、雑草が生えないように、前作の稲藁や草、マドル・ライラックの切り枝をマルチに使う[4,6]。

近代稲作では、湛水状態にしておくことが最適とされている。だが、イネは水生植物ではない[4]。水田を湛水するのは、イネに必要だからではなく、それが雑草防除になるからなのだ[6]。なるほどイネは、湛水状態でも成育はできるが、多くの根が死んで、それは収量にも響く[4]。マルチで雑草が抑えられるのならば常時湛水しなくてもいい。むしろ、湛水しないほうが通気性が保たれ、根も深く育ち、生育や収量も高まる[3,4]。土壌構造が改善されるから、深耕の必要もなく、耕起に伴う土壌侵食も起きないし、そのための労力やエネルギーも省ける[5]。ケクラマ農法が大幅に水量を削減でき、かつ、旱魃の影響も受けない背景にはこのマルチ栽培があったのだ[4]。

だが、マルチ栽培にはもうひとつ重要なメリットがある。ケクラマ農法では、ごく少量の窒素肥料しか施肥しない。基本となるのは、堆肥と尿素とニームの混合物で、まず、ヘクタール当たり二・五一～五キロのニーム種子を粉にして、これに一七キロの尿素を加える。この混合物を再び粉にし、一二五キロのよく腐熟した堆肥に混ぜる。可能ならば、さらに一二五キロ以上の堆肥を加える。この混合物を山にして、ポリエチレンか袋で覆って、一二時間以内に圃場に散布する。朝に混合して、日没後に撒くのがベストだ。イネの発芽後一〇～一二日目に施肥し、さらに一〇日後に二度目の施肥を行う。もし、葉が黄色で窒素が欠乏気味であれば、一五日後に三回目の施肥を行う。しかし、土が非常に痩せているか、生育するのに時間がかかる品種以外は、四回目の施肥はいらない。そして、数シーズン、この農法を続ければ、必要な施肥回数も減っていく。初めの一、二シーズンは慣行栽培よりも一〇パーセントほど収量が少ないが、いずれ同水準まであがるとされる(3)。

マルチに使った藁はリサイクルされ、地力改善につながる(4)。だが、それ以上に少量の肥料ですむのは湛水しないことで保たれる好気性環境にある。好気性細菌アゾスピリウムやBeijerinkia spp.による生物窒素固定が盛んになるのだ。また、通常の自然生態系では、せっかく固定された窒素もシュードモナス属菌による脱窒作用で失われていくが、肥料として添加されるニームが菌の働きを抑える。インドのムンバイにあるニーム財団の副代表、ブラハマ・ナンダ・ヴァヤス博士は、ニームで脱窒量を三〇~三五パーセント減らすことで、米が三五パーセント増収できるとの研究を発表しているが、ペラデニヤ大学のサラス・バンダラ教授も、ポロンナルワ県のアララガンヴィラのケクラマ農法の圃場から土壌をサンプリングし、脱窒作用が抑制されていることを確認した(5)。マルチ栽培には意外な副産物があったのだ。

「雑草」が害虫を防ぎ、除草剤を減らす

ケクラマ農法の三番目のポイントは雑草を残すことだ。スリランカの水田は「リヤダス」と呼ばれる畦畔に囲まれた小区画からなるが、傾斜によっては農地の一五~三〇パーセントも占める(6)。近代稲作では、畦畔上の自然植生をすべて取り払い、取った雑草は水田に投げ入れ(3、6)、水田内も雑草が生えないよう均平作業を行って湛水する。そこで、イネが育つまでは、水田にはまったく植物がなくなる。餌がなけ

れば、昆虫や爬虫類も餓えて死に、それを餌とする鳥もいない。水田内に棲息する昆虫と細菌だけが繁栄することになる。だが、ケクラマ農法では、マルチで雑草が抑えられるから、除草剤も撒かなければ手での草取りもほとんどしない[6]。イネよりも早く発芽し養分を吸収するヒエは取らなければならないが、量が少ないから手でやれる[3]。手間も減るから、これが生産コストを下げるという[6]。

ケクラマ農法は、畦畔にも雑草を残すから、植生は次第に安定し、数シーズン後には頑丈でしっかりし、洪水のダメージにも強くなる。鳥、フクロウ、爬虫類、マングース等の天敵も増え、カニやネズミが畦畔に穴を空ける被害も減らす。だが、雑草を残すメリットはそれだけではない。自然植生の回復で、多様な動物や昆虫からなる生態系のバランスも蘇るのだ[6]。

専門家たちは、養分上で作物と競合し、病害虫の棲息地となるため、除草を指導するが、ウッパワンサ氏は、それは間違いだと指摘する[1]。例えば、畦畔や生垣に雑草が残されると花を咲かす。これが、水田害虫、ホソクモヘリカメムシの餌になる。害虫が繁殖すると天敵も増える。イネが開花し登熟する時期には天敵も増え、被害が出ない[5]。スリランカの水田には主に六種類の害虫がいるが、これを餌とする二七種もの天敵も棲息する[6]。生息環境が多様化すれば、そこは、ハチ、寄生虫、アリ等の天敵の棲家にもなる[5]。

サラス・バンダラ教授は、正直に想起する。

「ポロンナルワ県のマハーヴェリ川の計画地で農法の実地試験を最初にしていた頃は、雑草を恐れていました。イネ以外の植物はイネのためにすべて滅ぼされなければならないと教育されてきたからです。ですが、ミゲル・アルティエリ教授は『農地にあるすべての雑草が被害を生じ、常に管理が必要となるわけではない』と述べています。システムの動的平衡を維持するために雑草の価値を学ぶことが、エコロジー農業では欠かせないのです」

雑草はそれ以外にも様々な役割を果たす。根系が深い双子葉植物は、イネの根圏以下の養分を吸収し、イネの根圏近くまでそれらを戻す[5]。また、畦畔や生垣上に棲息するアカカミアリも大切だ[3]。アリたちは収穫後の水田から餌にするために、せっせと雑草の種子を集めては、畦畔上の巣に運び込む。近代稲作は畦畔をきれいにすることで、そこに棲息するアリを殺してきたが、それは、翌シーズンに発芽する雑草をわざわざ増やすための行為だったのである[3、6]。

自然は競争相手ではない

一九九六年にウッパワンサ氏の活動に参加していた農民はわずか二〇〇人だったが、二〇〇七年には一〇〇〇人以上に増えた[8]。ウッパワンサ氏は言う。

「伝統農業は、信仰に基づいていました。作付や収穫時には、神の恵みのための宗教的儀式が行われていました。ですが、近代農業は、この文化的な習慣を金銭的な価値へと取り替えてしまいました。今の農民たちには、困窮しても、しっかりとつかめるものが何もないのです[1]。近代農場に取り囲まれた中で農法を試みても病害虫被害に脆弱だと思われるかもしれません。ですが、私は小さな二カ所のケクラマ農法を目にしましたが、ほかの農場は被害を受けていても、ここだけは被害がなかったのです。(3) エコロジー農業が、私たちの貴重な天然資源を破壊せずに、食料安全保障を達成できる唯一の方法なのです(1)」

これは虚言ではない。過去五年の食料安全保障状況を調べた二〇〇七年の報告書によれば、伝統農法に取り組む五一人の農民のうち、一人が食料不足に悩んでいたが、近代農家四九人では状況が望ましいのは八人だけで、六人は食料がまったくなかった(7)。

サラス・バンダラ教授によれば、ケクラマ農法を行う農民たちは、ただ無農薬の農産物を食べているだけでなく、バランスがとれた食事もしているという。また、農法で栽培される在来品種は、改良品種よりも栄養価が高いことも明らかになった。ほとんどの在来品種には、かなりの鉄や亜鉛が含まれていたし、ラス・ラス・スウェンデルと呼ばれる米は、糖尿病患者にも望ましいことがわかった。成分が同じでも食品によって摂取後の血糖値の上がり方には違いがある。そこで、ブドウ糖（グルコース）を一〇〇として、血糖値がどれだけ高くなるかを「グリセミック指数」と呼ぶ。数値が高いほど糖尿病にはよくないが、イタリア産の白米が一〇二、小麦が八〇〜九九であるのに、スウェンデル米は三五と非常に低い(8)。

現在、政府は有機農業の普及推進を政策として掲げ、ペラデニヤ大学農学部とも連携している。同大学農業大学院には、全国有機農業センターが設立され、すでに一〇〇〇人以上の農民や地域リーダーをトレーニングしている。また、「モデル有機農業ビレッジ」の開発も始めている。[7]

バンダラ教授は、どの国であれ、近代農業は、「規模の経済」と「地域特性を奪う」という原則に基づいているが、その背景には、自然を競争相手として見る世界観があると指摘する。例えば、雑草よりも作物を大切にし、ほかの生物を根絶するから、作物だけが孤立する。生物多様性も養分も失われ、失われた要素を代替えするために化学肥料と農薬が使われる。化学肥料や農薬は土壌や水を汚染し、健康被害も引き起こす。だが、伝統農業では、打ち負かす必要がある競争相手として自然を見ない。しかも、スリランカの伝統農法は、霊的概念、仏教の「慈愛」に根ざしていた。この慈愛の概念が、前節で見たように生物多様性の保全にもつながっていたのである。[8] なればこそ、バンダラ教授は言う。

「ですから、競争相手としての自然という概念は打ち捨てなければならないのです」[5]

伝統農法コラム3

生態系の安定性とキーストーン種

複雑な要素が絡み合うシステムを複雑系と呼ぶ。生態系も典型的な複雑系だ。それまでの生態学者たちの観察によれば、単純化した生態系の方が外的撹乱や外来種の侵入にどうも脆弱なように見えた。だが、一方で、著名な数理生態学者ロバート・メイが一九七三年に打ち立てた数値モデルでは、生物多様性が複雑なネットワークほど撹乱には弱かった。いったい、生物多様性が豊かな生態系と貧しい生態系とでは、どちらが安定しているのだろうか[1]。

観察と理論との食い違い。ずっと解けずにいた謎のヒントは、意外なところからやってきた。インターネットのネットワーク構造の研究だ。米国ノートルダム大学の物理学者、アルバート＝ラズロ・バラバシ教授は、二億以上ものウェブサイトがどのようにつながっているのかを調べてみた。すると、九〇パーセントは一〇以下のリンクしか持たなかったが、三サイトは実に一〇〇万近くのページからリンクが張られていた。ごく少数の人気サイトと、ほとんど誰もアクセスしない無名サイト。ウェブの世界は平等ではない超格差社会だったのだ[2]。

もともとインターネットとは、中央コンピュータが核攻撃を受けても指揮系統が麻痺しないように情報を分散する目的で構想されたものである。では、ネットは外的撹乱にどれほどの耐性があるのだろうか。バラバシ教授らは、ネットを人工的に破壊していく実験をしてみた。すると各要素がランダムにつながる「平等」なネットワークでは全体の七二パーセントが健在であっても二八パーセントというある閾値に達すると、ネットは突如としてバラバラに解体した(3)。

だが、実際のネットは「ハブ」と呼ばれる一部のサイトが無数のリンクを持ち、つながりが集中することで構成されている。少数のリンクしか持たない多くのサイトは、ネット全体の統合にはさして重要ではない。このため、実に全体の八〇パーセントの構造が破壊されても、残りの二〇パーセント内に含まれる「ハブ」が手をつなぎあって、なんとか統一性を維持できていた(2,3)。つまり、「ハブ」にリンクが集中する不平等なネット構造は、平等で均一なネット構造よりも外的撹乱に強いという特徴を持つ(2)。だが、同時にこれは弱点でもある。多くのつながりを持つハブだけを集中して狙い撃ちすると、わずか一八パーセントが破壊されただけで、システムはバラバラに解体してしまったのだ(3)。

さて、従来の生態学は、生物間のつながりを同等なものだと想定してきた。だが、現実の食物連鎖は上述したウェブと同じく「ハブ」構造のネットワークを持つ。何十種類もの餌を食べる生物は、そのうちの一種類が絶滅したところでびくともしないが、一種類の餌だけに依存する生物にとっては、その種が消え去ることは自らの死を意味する(3)。

スペインの海洋科学研究所の生態学者ホセ・モントーヤらは、世界で最もよく研究された三カ所、イギリスのアイザン川河口の一三四種、英国南部のシルウッド・パークの一五四種、ウィスコンシン州北部のリトルロック湖の一八二種からなる生態系の食物連鎖構造を調べ、コンピュータ上で種を絶滅させるというシミュレーションを行ってみた。ランダムに生物種を絶滅させていく場合は、生態系はかなりの撹乱に耐え、生物たちも生きのびた。だが、ネットと同じく、多くの生物種とのつながりを持つ「ハブ」、すなわち、キーストーン種だけに狙いを定めると、わずか二〇パーセントを取り除いただけで食物連鎖全体がバラバラに解体し、この解体のあおりをくって、ランダムな場合の九五倍も多くの二次絶滅も生じてしまった[4]。モントーヤの研究は、キーストーン種がいかに大切か、そして、それが絶滅する時、なぜ、生物の大量絶滅がドミノ倒しのように起きるのかを暗示する。ロバート・メイのモデルが現実と違っていたのは、メイの数式がランダムなネットワークを想定していたからだった。

　こうした研究成果をふまえ、カナダのゲルフ大学の生態学者、ケヴィン・マケン助教授は、こう述べる。

「最近の研究の進展から、多様性は生態系に安定性をもたらすと言える。だが、より正確には安定性は『多様性』にではなく、多様な対応ができる『生物種』の能力如何にかかっている[1]」

　生物多様性が高い生態系ほど安定している仕組みがようやく見えてきたのだ。だが、食物連鎖構造が解明されている生態系はまだごくわずかしかなく、いったい何がキーストーン種なのかも複雑すぎてよくわからない。最下位にある植物は重要だろうが、食物連鎖の上位にある種が鍵を握ることもあれば、連鎖の中位にいるごく目立たない生物が決定的なケースもあって、規則性もなさそうなのだ[3]。そこで、マケン助教授はこう続ける。

「もし、生態系や生物種を保全したいならば、保全のための教訓は明らかだ。種をすべて『聖なるもの』としてことを運ぶことが最善なのだ[1]」

古代インドでは、イチジクをヴィシュヌ神が宿る「聖なる樹」として大切にしてきたが、イチジクはまぎれもなく生態系のキーストーン種である。

なんたる叡智か。古代インドの先哲の洞察力たるや驚嘆すべし。ネットワーク科学や複雑系の研究の進展で、保全生態学の研究者がようやく導きだした最新の結論は、インドの伝統的なしきたりとさして変わらぬものだったのである。

IV

太古からのイノベーター
今蘇る古代の叡知

今から一万年前。西洋とはまた別の農業の起源地、パプア・ニューギニアや揚子江。イノベーター精神に富んだ古代人たちは、連作可能な盛土農法や魚とイネが共生する生態空間を編み出してきた。同時に、古代の起業家たちは自然のバランスへの配慮も忘れない。天網恢恢疎にして漏らさず。目先の収量増大を目指して近代稲作が破綻した後に、最先端のコンピュータ・プログラムが叩き出した最適解は、なぜかバリの僧侶たちの伝統儀式と見事に一致するのだった。

1　ニューギニア高地の盛土農法

一万年前から独自に始まった農業

世界で二番目に大きいニューギニア島。赤道直下にありながら、その中央には二〇〇〇㎞にわたって三〇〇〇~四五〇〇m級の山脈が聳え立つ。最高峰のジャヤ山は五〇三〇mもある。海岸は熱帯の密林でも、すぐ奥には急峻な山が連なって人を寄せ付けない。そこで、一六世紀に発見されながら、ほとんど未踏の地のままにおかれていた。金鉱が発見されたことから探索の足が延び、内陸部の高地で、数多くの先住民が暮らしていることが「発見」されたのは一九三〇年代のことだ。

文字を知らず、金属もなく、農具といえば、石と木と骨だけ。茅葺屋根での裸同然の暮らし。最後の秘境発見のニュースに世界はわいた。

だが、原始的なのは見かけだけだった。高地人たちは、排水、輪作、マルチ、堆肥利用と洗練された農法を持っていた。ジャレド・ダイアモンド教授は『文明崩壊』の中で、ニューギニアの高地農業を持続可能な農業の世界屈指の事例と高く評価する。(1)

その農業は他地域から影響を受けることなく独自に誕生した。一九七二〜七七年にワギ渓谷の茶農園から発見された排水路の遺跡は、紀元前八〇〇〇年前のものだった。ニューギニアは、中東や中国と並ぶ農業発祥の地のひとつでもあったのだ。この初期農業遺跡は、二〇〇八年には世界遺産にも登録されている。(2)

さて、現在のパプアニューギニア(注1)の最重要作物はサツマイモだ。バナナやサゴヤシも食料源だが、総消費カロリーの四四パーセントはサツマイモでまかなわれている。コメや小麦等が輸入される一九七〇年代以前はさらに多く、カロリーの六五〜九四パーセント、タンパク質摂取量の三三〜七三パーセントを占めていた。イモは豚にとっても重要だ。食用に適さない小さなイモや台所屑等、生産したイモの三分の一を高地人たちは豚の餌にしている。初めて「発見」された時点でもサツマイモが人と豚の主食だったが、状況は今も変わらない。まさにイモの島なのだ。だが、高地は一一〇〇〜二八五〇mと標高差が大きい。いかに熱帯とはいえエンガ州の二七〇〇mの高地では、最高気温は一八℃、最低気温は八℃にすぎず(3)、頻繁に霜も発生する。(1)だから、キャッサバは一五〇〇m以下、バナナは二一五〇m以下でしか栽培されていない。だが、イモだけは変わらず、チンブ州の一部では標高二八五〇mでも栽培されている。(3)サツマイモは、わずかの霜でも蔓が傷み、強霜にあえば食用に適さなくなるほど寒さに弱い。(4)おまけに、四五度もの傾斜地で栽培されている地区もある。高地の年間平均降水量は一八〇〇〜五〇〇〇㎜もあり、豪雨による土壌侵食も激しいはずだ。(3)だが、高地人たちは、化学肥料も農薬もない時代から、休閑もせずにずっとイモを連作し続けてきた。[5] なぜ、こんなことが可能なのか。農法のしくみをアグロエコロジーの目で再確認してみよう。

マウンドで連作されるサツマイモ

第二章では、メキシコやボリビアの高畝農法を紹介したが、高畝や盛土は、ラテンアメリカの専売特許ではなく、アジアやアフリカのように地理的に離れた地区でも発明され、何千年も広く用いられてきた。世界各地の先住民たちは、今も根菜類や塊茎作物の栽培で活用している。ニューギニア高地で行われているのも、まさにこの「マウンド農法」だ。[5]

高地人たちは、このマウンドをどう活かしているのか。農法のしくみを作付の準備から順を追って見てみよう。まず、最後の収穫が終わると、マウンドはクレーター形に壊され、土を乾かすために二〜四週間放置される。その間に、堆肥原料が準備される。イモ蔓や腐ったイモ、畑の雑草等をかき集め、バナナやトウモロコシ等の葉や軸も切断し、一〜二週間ほど乾かして、クレーターの中心部にまとめて入れる。もっとも、すぐに作付を始める場合は、伐採した低木を乾かさずに直接入れることもある。[6] ちなみに、堆肥原料の内容を調べた研究によれば、六三パーセントがイモ蔓、二〇パーセントが広葉草本、一〇パーセントがバセンボウの葉、三パーセントがサトウキビの葉で、残りの四パーセントがバナナの葉やジョチュウギクだったという。[4] これまでの経験や知識から、この原材料で足りているか、内容が適正かどうかを判断するのは、主に女性たちだ。もし足りなさそうであれば、周囲の藪の雑草を加え、養分を補強するために、ブタやヤギ、モルモット、ウサギ、家禽類の糞や生ゴミを加えることもある。なお、原料には、低木の枝や石が入らないよう注意し、芽が出ないようにサツマイモの蔓や根も取り除いておく。分解しにくい小枝や雑草は、畑の端に集めて燃やし、灰は堆肥に加えたり、野菜づくりに使う(6)。集めた植物が分解し始めると、晴れた日を選んで(4)、周囲の土を四〇～八〇㎝ほど掘って、これにかぶせる。表土が深い谷や古い畑ほど深く掘るが、これは大変な作業で、犂と掘り棒を使って男性と若い女性が総がかりで行う。最後に、年配の女性が、シャベルを使ってさらに土を細かく仕上げ、作付準備ができあがる。

次に新しくできたマウンドに、別の畑から切り取ってきた八カ月以上育ったイモ蔓を、八～二〇カ所に二～三本ずつ植えていく。この作業を行うのは女性たちで、ほぼ全女性が参加する。作付作業は、たいがいマウンドを作るのと同じ日になされるが、広い畑では作業を終えるまで数日かかることもある。

インゲンマメ、エンドウ、瓜、葉菜類、トウモロコシ、ジャガイモ等も混作するが、サツマイモは上側、それ以外の作物は下側に植えるのがみそだ。マウンドの間にバナナを植えたり、マウンドの縁にサトウキビやパイナップルを植えることもある。混作は一九六〇年代半ばまでは比較的珍しかったが、今は人口が増加したため、一般的なものとなっている。とはいえ、土が浅く痩せた土地では、作物間の養分競合が避けられるよう、サツマイモだけが植えられる。最優先されるのは、やはりイモなのだ。

除草は、栽培期間中に三回ほどなされる。一回目が定植時、二回目は葉が出る時、三番目はイモができる時だ。取った草は、マルチとしてマウンドの根元におかれ、これが、土壌侵食を減らす助けになる。

栽培期間は、気象条件、土壌、品種によって異なり、標高が一八〇〇〜二〇〇〇mあるエンガ州の州都、ワバック近郊の村では約六〜一〇カ月だが、同じエンガ州内であってもスルンキ、カンデプ、ライアガム、ポージェラのように二一〇〇〜二八〇〇mと標高が高い村では、一二〜一四カ月もかかる。

収穫作業は、主に女性たちが行い、蔓やイモを傷めないよう注意しながら、片端を鋭くしたカプ・ヤリと呼ばれる小さい棒で一〜三カ月おきに大きなイモから収穫していく。こうして、小さなイモもさらに太らせることができる。うまくすれば、一〜二カ月の間に三〜五回は収穫できる。収量も気象、土壌、マウンドの規模や品種で異なるが、ヘクタール当たり二〇〜六〇トンは獲れる(6)。

逆転層で霜害を防ぐマウンド堆肥農法

高地人たちは、マウンドを「熱い」と表現し、マウンドがある場合だけサツマイモが栽培できると言う。つまり、マウンド農法では霜害が減らせる。なぜこんなシンプルな農法だけで霜害が防げるのだろうか。そのひとつのポイントは逆転層にある(4)。マウンドの大きさは、直径一m高さ四〇㎝の小型のものから、直径二・五m、高さ七〇㎝の中型、直径二・五m以上、高さ七〇㎝以上の大型のものまで様々だが(3)、全体の三分の二は凸型で、平均三・八m、高さ六〇㎝とスケールも大きい(4)。夜間に冷えた空気は地表部近くにたまるが、その上には暖かい逆転層ができるため、寒さを避けられる。キャベツ、トウモロコシ、ジャガイモ等の耐寒性のある作物は、根元の近くに植えるが、サツマイモはマウンドの頂点に植えると述べた。その意味はここで生きてくる。

また、マウンドの土はよく耕され排水性もよいことから、土壌の空隙率も高く気相が多い。結果として、表面からの熱伝導率が下がり、さほど冷えない。さらに、マウンド内に入れられた有機物が分解する際の発酵熱も、わずかだが約一・二℃ほど地温をあげる。(4) マウンドに入れる堆肥の量はふつうヘクタール当たり五〜二〇トンだが、カンデプやスルンキのように霜害の恐れがある一八〇〇m以上の高標高地域では三〇トンも入れる。この分解熱はイモの成長も加速する。(3)

二番目のメリットは、湿地帯や浸水する平野部でも栽培できることだ。浸水の恐れのある地域では、まず排水路を設け、次に排水された農地にマウンドを作るが、ここでも乾いた土地より多くの堆肥を入れ、最大では一・二mまでマウンドを高くする。こうして、イモの根圏は地下水位よりも高くなり、洪水の被害を受けずに生産ができる。ちなみに、マウンドでは、通気性と透水性もよくなるため、土壌水分が多いと発生するサツマイモ黒斑病が減る。病害虫が発生したイモをマウンドに埋め込むことで、それが広がるリスクも減らせるし、土壌構造がよくなり、団粒構造も発達することから、アリモドキゾウムシのような害虫の侵入も防げる。(6)

さて、凸型のマウンドは平坦地か傾斜が一〇パーセント以下のテラスを設けた土地で作られるが、(4) 傾斜地では、蛇の土手「カナパロ・モンド」と呼ばれる別のマウンドが築かれる。その名が示すとおり、長さ四～六m、幅一～二m、高さ四〇㎝と細長い。降った雨はマウンドの間を流れ抜ける間に流速を落とす。流れる間に土粒子も捉えられ土壌侵食が防げる。(6) こんなシンプルなちょっとした工夫でも傾斜地で農業が可能なのだ。

焼畑農業では休閑が欠かせないことは各所でふれてきた。パプアニューギニアでもほとんどは、休閑とセットとなった焼畑農業が行われている。西部高地州や南部高地州では休閑期は五～一五年にも及び、その間には地力を回復させるため窒素固定樹木、モクマオウが植えられる。これはこれで合理的だ。だが、堆肥マウンドづくりが盛んなエンガ州ではほとんど休閑をせずに連作が行われている。(3) 堆肥マウンド農法が開発されて以来、休閑期は劇的に減り、最近の調査では六四パーセントが一年未満となっていた。焼畑農業が盛んな西部山岳州のタムブル地域と比べ、カンデプ地域では土地の三〇パーセントしか作付されず、残りは休閑されていた。つまり、焼畑農耕と違って、堆肥マウンド農法を活用することで集約農業が可能となり、森林を保全できるのだ。(6)

サツマイモは、土壌よりもマウンド内でゆっくり分解する堆肥から放出される養分を吸収して育つ。タムブルにある研究ステーションでの試験によれば、マウンドの下約四〇㎝で分解する堆肥に向けて、サツマイモの細根が急速に伸びることがわかっている。同研究ステーションでの継続調査データによれば、非堆肥マウンドでの平均収量がヘクタール当たり一〇・八トンであるのに比べ、堆肥マウンドでは平均一六・二トンもある。南部高地州でなされた二〇の農業試験でも、堆肥を入れないマウンド栽培よりも、堆肥を入れたほうが収量がアップすることがわかっている[6]。

熱帯イモ根栽社会のイノベーター

さて、話が飛ぶ。作物の種子はふつう三年経つと発芽力を失う。低温にしたり、乾燥させれば長期保存も可能だが、それは二〇世紀も後半になって発明された技術であって伝統社会にはなかった[7]。このため、イネやコムギ、そして、トウモロコシのように種子作物が栽培される地帯では、播種期や収穫期があり、それに伴う祭りもある。農業に伴う儀礼やそれを司る専門職も誕生し、それが、王権の誕生につながった。また、何度も栽培される種子では、突然変異も起こる。都合がよい特性を持つ種子を選ぶことで品種改良も可能だし、この生産性の向上や貯蔵量の増加が王権の基礎にもなっていく[8]。だが、年間を通じて高温多湿な熱帯林で栽培されるタロイモ、ヤムイモやパンノキ、バナナ等の多年草は有性生殖をしないから変異もしない[7,8]。ニューギニアのイモづくりのように、収穫と植え付けが同時進行する[9]。根栽農耕社会では、権力や王国が誕生する機会が乏しいのは、基本的に貯蔵がないからだという[8]。

だが、こうした地域でも農業技術革新はあったのだ。実は、サツマイモはニューギニアではなく、中南米が原産の作物だ。コロンブスによって、ヨーロッパにもたらされて以来、ポルトガル人たちは、これをアフリカ、インド、インドネシアへと広めていく。少なくとも一六三三年には東インドネシアのマルク諸島に存在していたことがわかっているが、実際にはさらに早く持ち込まれたであろう。そして、東インドネシアから西ニューギニアにも一六〇〇年代の半ばには伝播する。

パプアニューギニア高地では、考古学や口伝史の研究から、西暦一七〇〇年頃にサツマイモが存在していたことがわかっている。しかも、口伝史の研究から、その伝播ルートもわかっている。最初に持ち込まれたのは、エンガ州のラガイプ・バレーだ。

つまり、ニューギニア高地にサツマイモが登場したのは、たかだか約三〇〇年前にすぎない。だが、それ以降、すべての高地で以前の主食であったタロイモ、そして、それを補完していたバナナとヤマイモを減らし、急速に食生活を変えていく。豚の飼育も可能となった。しかも、そのスピードは、かなり短期間で、おそらく約一〜三世代の間で起きた(3)。

そして、エンガ州の口伝史からは、サツマイモが導入された後にマウンド農法を開発した人物もわかっている。州都、ワバックのあるレイ・バレーに住むイトクネ族の「ビッグマン」、ツインギだ(6)。

「ビッグマン」とは、世襲の権力者や首長ではなく、皆と同じ小屋に住み、皆と同じく畑も耕すが、自分の財を気前よく贈与し、人々から尊敬されるリーダーである(1)。ツインギは、ブタの祝宴メナ・ヤエのために、最初にサツマイモの饗宴を催し、それをマプ・ヤエと呼んだという。以降、優れたマウンド農法は、エンガ州内や他の高地にも広まっていった(6)。結果として人口も急増する。サツマイモが導入されて以来、パプアニューギニア高地の人口増加率は年平均一・五〜一・七パーセントで、予防接種等の近代医療サービスが導入された近年の人口増加レベルと変わらない[10]。

ツインギが、地域で得られる有機物残渣をマウンドに埋め込み、連作が可能で持続可能な農法を開発したことによって[4,6]、ニューギニア高地では、有機農法革命が行われていたのである。

2 コメと魚を同時に育てる稲田養魚

グルメの曹操が注目した稲田養魚

二〇〇一年、呉俊英氏は、約一〇年ほどバンコクで経営していた小売業の店舗をたたんで、浙江省麗水市青田県の竜現村に戻ってきた。

「バンコクでは、美味しく新鮮な田んぼの魚を食べる夢を見ました。今、その夢が実現したのです」

そう呉氏は語る[1]。竜現村は、周囲を山に囲まれ、三〇〇年も前の古い家屋が今も残る伝統的な集落だ。水田はわずか二六ヘクタールにすぎないが、棚田には魚が泳ぐ。水質がよい山からの清流で育てた魚は、コイの変種で、黒、赤、黄、白と四種類あるが、鱗もやわらかく美味しい。魚は「田魚」と呼ばれ、毎年九月の稲刈りの時期には、村人たちは、「田魚」を収穫し、食べたり、市場で売る。村には、「田魚」

を嫁入り道具とする習わしも残る。これが、第一章第二節でふれた世界農業遺産の指定を受けた伝統農業、「稲田養魚」だ。(2)

イネと同時に魚も育てる稲田養魚。考古学の資料や記録文献によれば、その歴史は二〇〇〇年以上に及ぶ。(3) 農業政策院の胡瑞法教授によれば、紀元前四〇〇年まで遡るという。教授は、水田で雑魚が大きく育ち、美味しくなることに農民たちが偶然気づいたことから、広まったと推測する。(1)

「四〇アールの土地に池を掘り、二〇〇〇匹の稚魚を入れよ。そして、残りは市場で売れ」

春秋時代の越王勾践の忠臣であった范蠡はこう書き残している。(3)

山西省漢中郊外にある東漢時代（二五～二二〇）の墓からは、六匹のコイ、一匹のカメ、三匹のカエル、そして、五つのヒシを描いた池のモデルが一九六四～六五年に出土した。四川省峨眉山市で一九七七年に発見された東漢時代の墓からは、カエルや魚、アヒル、水田で働く農民の図柄が出土し、一九七八年に山西省で発掘された中期漢時代の墓からも、カエル、ウナギ、巻き貝、フナ、ソウギョ、コイ、カメがいる水田を描いた遺物が出土している。少なくとも一七〇〇年前から、漢中や峨眉近郊では稲田養魚が行われていたことがわかる。

記録として残る最古の文献は、曹操（一五五～二二〇）のものだ。『三国志演義』では悪役とされる曹操だが、曹操は傑出した武人、政治家、詩人であると同時になかなかの食通でもあった。自らも『四時食制』を書き残し、その中で、稲田養魚についてふれている。

「四川省成都の北東、卑県の水田で飼育される黄色い鱗と赤い尾のある小さい魚は、ソース作りに使える」[1、3]

曹操が指摘した魚は、おそらくコイであろう[3]。

その後も、稲田養魚は様々な書物に顔を出す。唐時代後半に劉恂は『嶺表録異記』（約八八九〜九〇四）で、現在の広東省新興や羅定近郊の農村の情景を次のように書く。

「丘陵地は活用されていないが、家近くの平坦地は鍬が入れられ、雨季が春に訪れれば、周囲の水田には水がたまる。ソウギョの稚魚が水田に放たれ、一、二年と飼育される間に雑草をすべて食い尽くす。水田が肥沃になるだけではなく、魚も生産でき、雑草なしの稲作ができる。農業をするうえで最良のやり方だ」

広東省順徳県の明時代の記録には、こんな記述もある。

「土地の周囲では、魚を飼育するために池が掘られる。そして、乾季にはイネを植える」[1]

孔明のモデル、劉基と稲田養魚伝説

青田県では二〇〇四年現在、約六七〇〇ヘクタールの水田で稲田養魚が行われているが[2]、約一二〇〇年前から行われていたとの記録が残る。竜現村の村人たちは、過去の記録があることは知らないが、村には稲田養魚と関わる青田県出身の劉基の伝説が残っている[1]。

劉基（一三一一〜一三七五）とは、後の明の洪武帝、朱元璋に仕え、明建国に大功績をあげ、中国では諸葛孔明と並ぶ軍師として崇拝されている人物である。例えば、朱元璋は、数百隻の大船団を率いて攻め寄せてきた強敵、陳友諒を一三六三年に火攻めで打ち破っているが、これも劉基の作戦だった。ちなみに、明の時代に書かれた『三国志演義』に登場する「赤壁の戦い」の火計や孔明の人物描写は、この劉基がモデルとなっている。

竜現村の伝説によれば、劉基軍は飢えていた。農民たちが戦火を避け、逃げ出していたために水田が荒廃していたからだ。おまけに、地域は洪水にも見舞われる。その時、軍の食料源となったのが、水田に流れ込んだ何千匹もの魚だった。まもなく水は引いたが、魚は水田に残り、そこから稲田養魚が始まったのだという。

毎春、青田県の農民たちは、調理した田魚を祖先に供える。秋には、「田魚の灯」と呼ばれる収穫祭が行われる。緋鯉を象った明かりを作り、エビやヒキガエル、カニに扮した衣装で踊る。リズムは激しく、時には兵士のようなパフォーマンスも繰り広げられる。この踊りも、劉基にまで遡る。劉基は踊りの練習をすると見せかけて農民を集め、元に対抗するための反乱軍兵士としての軍事教練を行ったのだという(1)。

だが、古くから伝わる稲田養魚の正式な研究がスタートするのはごく最近のことで、二〇世紀に入ってからだ。一九三五年に、江蘇省泰州市靖江市で、アオウオ、ソウギョ、ハクレン、コクレン、コイを水田で飼育する実験を行った結果、ハクレンは五〇倍、コイは二〇倍に増え、二年後には二万匹の稚魚が孵った。一九五四年には第四回全国栽培漁業会議で、全国普及することが提案され、広東省を中心に、一九五九年には、その面積は六六万ヘクタールへと広がった。とはいえ、この時期はまだ伝統的なやり方だけに基づいていたため漁獲高が低く、一九六〇年代前半からは、大量の農薬と化学肥料が使用され始めたこともあって、急速に衰退した。広東省では、一九五〇年代前半の三万三〇〇〇ヘクタールから一九七〇年代半ばには三二〇ヘクタール、湖南州では一九五八年の二三万二〇〇〇ヘクタールから一九七八年の五〇〇〇ヘクタールへと急減する。一九六五〜七五年にかけての文化大革命も稲田養魚にはマイナスとなった。魚を飼育することは、ブルジョア的金儲け主義だとされ、公式には推奨されず、研究と普及活動にも大きな断層が広まった。

とはいえ、稲田養魚はその後再び復活する。そのきっかけとなったのが、一九七二年に水産科学研究院の倪达乃が行った、稲田養魚の試験だった。この試験が、一九八〇年代以降の研究モデルともなる、コメと魚の「相利共生理論」へとつながる。畝や溝の設置方法、イネとアヒルの統合等、現場にマッチした数多くの新技術も開発され、生産性も高まった。

一九八三年八月には四川省で、農業省と畜産漁業省（現在、農業省）の支援のもと、最初の稲田養魚の全国会議が開催され、技術普及のための調整組織が発足する。翌一九八四年には、農業省の漁業部局と畜産漁業省は、四川省ほか各地で、稲田養魚を広める指令を出す。一九八二年以前は、江西省や福建省、安徽省の山岳地帯に集中していたが、それが平野部まで広げられ、[3]一九八六年には九八万五〇〇〇ヘクタール、二〇〇〇年には一五三万二〇〇〇ヘクタールと増えていく。[6]しかも、伝統的な稲田養魚では、補足食料として魚を飼育することを目的としていたが、「相利共生理論」の発想は、稲田養魚を全く違った概念で捉える。イネと魚という両生物の共生のメリットを活かす最適な水田生態系を構築するにはどうするか、という視点に立つ。[3]胡瑞法教授も、稲田養魚には、食料生産以上に環境に優しいというメリットがあると指摘する。[1]では、どのようなエコ的効果があるのか、農法のしくみをアグロエコロジーの目で再確認してみよう。

雑草を食べて育つ魚たち

水田にはさんさんと日が降り注ぐ。この光がイネ生育のエネルギー源となるのだが、変換効率はさほど高くなく、トータルでは、わずか一パーセントほどでしかない。イネが生い茂るまでは、ほとんどのエネルギーは、雑草や植物プランクトンの繁殖に使われ、[7]養分でもイネと競合する。[4,7,8]中でも、雑草が大敵で米の収量を一〇~三〇パーセントも減らす。手間のかかる除草が必要となるのはこのためだ。だが、魚が組み込まれると水田生態系は一変する。[8]ソウギョやコイ、フナは雑草を食べる草食魚だからだ。[9]

中国の水田には一〇〇種ほどの雑草があるが、[注2][4,9]クロモ、エビモ、ネジレモ、ササバモ、アオウキクサ類はソウギョのよい餌となる。[9]アゾラ、ウキクサ、コウキクサ、サンショウモ等の浮き草も直接、飲み込み、ノタヌキモ、トリゲモ、マツモ等の沈水植物もよい餌となる。そして、ミズアオイ、ウキヤガラ、テンツキ等の抽水植物の種子も食べる(4)。例えば、コイの一歳魚も一日に二五グラム、約四〇〇〇もの雑草種子を食べる(7)。結果として、雑草が繁殖しない(4)。

研究結果を見てみよう。湖北省武漢市の試験水田では、ヘクタール当たり二一〇〇キロも雑草があった対照区と比べ、魚のいる水田は一四八・五キロと一九五一・五キロも少なかった(8)。福建省三明市寧化県では、二五科四三三種の維管束植物が見出され、平均バイオマス量は六〇四五キロもあったが、そのほとんどが魚に適切な餌だった。同県でコイを輪作で飼育する試験をしたところ、対照区の一三七一キロと比べ、二二三三キロと雑草が大幅に少なかった(7)。

四川省重慶にある南西教育大学の生物学部も、コイとフナ六〇パーセント、ソウギョ三〇パーセント、ハクレン一〇パーセントの割合で、ヘクタール当たり三〇〇〇匹の魚を水田に放してみた。七五日後、魚たちは一万二四六五キロもの雑草を食べ、水田には三六〇キロしか残らなかった。仮に雑草の五〇パーセントがソウギョに食われたとすると、食料交換率は一対八〇だから、ヘクタール当たり七八キロのソウギョが雑草だけで生産できることになる。つまり、効率的な除草と同時に、利用できない雑草を効率よく食料に転換できる(9)。

だが、餌となるのは、雑草だけではない。中国には「米の花がよく香れば、コイが太る」ということわざがあるように、イネの花も餌になる。寧化県の試験では、二期作での花粉量はヘクタール当たり一五五九キロにも及んだ。花にはタンパク質が豊富に含まれるし、米そのものも、約三〜五パーセントは収穫時に水田に落ちて無駄になる。これらも、魚なら使える。

また、水田では、ヘクタール当たり四万八二一〇キロの根、一万七七四五キロの刈株、一万四三八五キロもの藁も残されていた。こうした稲の残渣は、八万一〇〇〇キロ、光合成産物の約四分の一にも及ぶ。藁には一・六〜三パーセントのカリウム、三五〜四〇パーセントのセルロースが含まれるが、それは、微生物や珪藻を成長させる餌となる。そして、このプランクトンが魚の餌となる。三明市建寧県での調査では、六門六一種が見出され、うち、二九種が緑藻類、二〇種が珪藻、五種が藍藻類、一種が黄金色藻類、一種が渦鞭毛藻で、ほかにも一〇種のワムシ、三種の原生動物、ミジンコもいた。バイオマスはリットル当たり七五〜一一九mgもあり、魚池の四倍も多かった。これは稚魚の餌としては十分なほどの量だ。

また、建寧県での調査では二二種の底生生物（一七種が昆虫、三種が腹足類動物、二種がセンチュウ）が見つかったが、寧化県での研究ではこうした底生生物のバイオマス量はヘクタール当たり一〇九キロにも及んだ。これもよい餌になる。建寧県で四二匹のコイを解剖してみたところ、多量の有機デトリタス（有機堆積物）を食べていたことがわかった。デトリタスも重さの五パーセントはバクテリアで、タンパク質が豊富でよい餌だ。[7] つまり、魚を入れれば、水田で生産されるバイオマスのほぼすべてが有効活用できることにつながる。[4]

そして、魚は肥料も作り出す。魚は食べた雑草やプランクトンの三〇～四〇パーセントだけを消化し、残りは糞尿として体外に排出する[7、8]。

稲田養魚では、餌をやらなくても一八〇日間でヘクタール当たり三一五キロの魚が育つ。魚が排出する糞尿は体重の二パーセントだから、五六七キロもの魚肥が生産されていることになる。魚とコメを輪作する試験でも一二〇日で一八四五キロの魚が育ち、二二〇五キロの糞が作り出された。コイの糞には窒素が一・一パーセント、リンが〇・四パーセント含まれるから、前者は三一・五キロの硫安と一三・五キロの過リン酸石灰、後者の輪作では、一二一・五キロの硫安と五二・五キロの過リン酸石灰に相当する肥料が施肥されていることになる。実際、一九八二年に永安市で魚とコメを輪作した試験では、対照区と比べて、土壌中の有機物、全窒素、全リンが〇・六パーセント、〇・〇三パーセント、〇・〇〇一パーセント増えていた。一九八四年に寧化県でされた試験では、対照区と比べ土壌中の有機物が〇・〇九パーセント、全窒素が〇・〇四パーセント（可給態窒素二二ppm）、全リンが〇・三八パーセント（有効態リン二一ppm）増えていた[7]。ちなみに、肥料成分からすると、ハクレンが最高で、ソウギョやコイがこれに次ぎ、フナは最も乏しい。魚の排泄物中の窒素やリン濃度は鶏やウサギ糞よりは低いとはいえ、下肥や羊糞に匹敵し、豚糞や牛糞よりも高い。魚がいるだけで水田を肥沃にできる[9]。

害虫を食べマラリアも防ぐ魚たち

米では五〇種以上の病害虫が知られるが、サンカメイチュウ、ツトガ、クロスジツマグロヨコバイ、イネツトムシ、コブノメイガ、ハネナガイナゴ等、そして、イモチ病やごま葉枯病が主なものだ。[4] だが、魚は水に落ちるウンカやヨコバイ等の多くの害虫を食べる。[1,7] 水位を調整すれば、害虫を捕らえるためにジャンプもする。[1] イネネクイハムシやイネミズゾウムシのように水中を移動してイネを傷める害虫も食べてしまう。[7]

湖北省武漢市で一九八二年に行われた試験で、コイとハクレンを解剖したところ、ヨコバイとウンカが検出された。一九八四年には、ソウギョがツトガの幼虫やヨコバイを食べていることがわかった。一九八五年には、さらに詳細にウンカの調査がなされたが、一〇〇稈（稲藁の茎から葉鞘を除去した部分）当たり、魚がいれば一七〜二八パーセントもウンカが少ないことも判明した。魚がいない水田では、一〇〇稈当たり八二〇匹と農薬散布が必要なほどいたが、いる水田では五九〇匹しかおらず、散布の必要がなかった。[8]

一九八四年に福建省三明市寧化県で行われた試験でも対照区と比べてヨコバイとウンカが一六パーセント、サンカメイチュウが一七パーセント、一九八五年に西安市で行われた試験では、ウンカは七〇〜八四パーセントも減った。おまけに、魚は、バクテリアの嚢胞も食べる。[7] 例えば、イネ紋枯病は、紋枯病菌が引き起こすのだが、この胞子を食べ消化する[1]。

水田では、蚊の幼虫、ウジ虫、カタツムリ、ヒルが発生し、これらは、マラリア、脳炎、赤痢、住血吸虫、フィラリアの中間媒体となる。だが、稲田養魚を行うと、こうした病気も大きく減る[9]。マラリアの原因となる蚊のボウフラ等を食べてしまうからだ[1,8]。一九八三年には、稲田養魚によって蚊を駆除するワークショップが河南省新郷で開かれている[3]。

魚の効果はまだある。水田では藻類が活発な光合成を行うため晴れた日の正午には、溶存酸素量は飽和状態に近い一二〜一四ppmにまで達する。とはいえ、酸素の九五パーセント以上は、水面近くの生物たちの呼吸に使われ、水中にはわずかしか拡散せず、土壌中にも溶け込まない[9]。長期間、湛水しておくと、水田土壌は還元状態となり、イネの根に有害な有機酸や硫化水素等が発生する。通常の稲作で、水を落とし、空気にさらす「中干し」が必要となるのはこのためだ。だが、稲田養魚では違う。魚は餌を探しながら水中を泳ぎまわるため水が空気にさらされ、溶存酸素量が増える。さらに、土壌もかき回すから、還元物質の蓄積を防ぎ、有機物の分解が進む[7,9]。イネの根の周囲の土壌中の養分は吸収されて減少するが、泥が動かされれば、養分が補給されるというメリットもある[7]。

魚は土壌孔隙率も増やす。一九八二年に湖北省武漢市で行われた試験で

魚種の排泄物の栄養成分
(乾燥重量割合)

魚の排泄物	N（%）	P（%）
ソウギョ	1.102	0.426
コイ	0.824	0.671
フナ	0.760	0.403
ハクレン	1.900	0.581

出典：文献（9）より作成

は、魚がいない水田の土壌孔隙率は五三パーセントだったが、いる水田は五九パーセントと高かった。一九八四年の試験でも、わずか二カ月で八・一〜一四・三パーセントと高まった。土壌孔隙率も、保水力や透水性、通気性、細菌活動、有機物の分解率、養分供給力に影響する大きな要素だ。(8)

竜現村の村人たちには、専門的な生物学的しくみはまだ馴染みがない。とはいえ、魚によって暮らしが豊かになることは感じている。(1)

村内最大の稲田養魚農家、楊民康氏の妻の伍麗貞さんは、水面を波立て泥を掘り返し、餌を探す魚の姿を目にして「まるで牛が土を耕しているようです」と語る。(2)

全国各地の多くの試験結果も複合的な効果によって、二〜三四パーセント、平均で一一・八パーセントの増収があるとしている。(3) イネは日よけになるから、魚にとっても有益だ。つまり、両生物は共生関係にある。(2) とはいえ、水深が浅いと、カワウソ、鳥、蛇、カエル、ネズミ等から逃れることが難しく、ネズミやウナギが畦畔に穴を掘れば畦畔が崩れ、氾濫があれば水田から簡単に逃げ出す。このため、生存率は高くはないが、放置してもヘクタール当たり三〇〇キロ以上は得られる。(7)

しかも、除草をしたり、(4) 農地を耕したり中干しする手間も省けるから、労力が大幅に減らせる。(9) 浙江省湖州にある浙江大学淡水漁業研究所の評価によれば、肥料代、農薬、労働コストでヘクタール当たり最大一〇〇〇元が節減できるという。(1) 収量があがる一方で、化学肥料や農薬代も浮くのだから、いいことずくめではないか。実際、稲田養魚に取り組むと純益が三〇〇〜七五〇元も高まり、稚魚も飼育すれば、収益は一五〇〇〜五〇〇〇元とさらに高まるという[9]。

近代化の中で滅びゆく伝統

稲田養魚は、人工生態系の最高のモデルともいえるが[8]、一方で危機に直面している。増え続けてきた面積も二〇〇二年には一四八万ヘクタールと減り始めている[6]。

実は、世界農業遺産の指定候補地は三カ所あった。江蘇省、貴州省従江県、そして、青田県だ。貴州省従江県では、ヤオ族による一〇〇〇年以上も前からの伝統的なやり方がまだ保全されている。だが、江蘇省北部では、二〇〇一年には一万三四〇〇ヘクタールで稲田養魚が行われていたが、今は六七〇ヘクタールも残っていない[2]。

その理由は経済性にある。集約的な栽培漁業は、環境的には問題があっても、市場向けに大量の魚を廉価で生産できる。過去二〇年で、魚の生産量は八・七倍にも増えたが、水産物価格は四・四倍にしかあがっていない。市販できる大きさまで育てるには、コメを収穫した後も飼育し続けなければならない。価格の安さもあって、コメとあわせて魚を飼育する経済的メリットは減っている。

稲作農家も化学肥料や農薬を使えば、病害虫の防除や養分循環を魚に頼らなくてもすむ。おまけに、コメしか生産していなければ、田植え後には農場にいる必要もなく、農外の仕事にも従事できる。農外所得をあわせれば、総収入は、稲田養魚のほぼ倍になるのだ。

環境保全の観点から、政府は稲田養魚を奨励しているが、政府の意向は、農民たちの関心とは一致しない。面積が急減した江蘇省で行われた調査では、二〇〇二年に稲田養魚に取り組んだ農民たちの半分が、二〇〇三年にはイネか他の作物だけを栽培することを希望した。全部養殖池にすればもっと稼げると主張する農民もいた。以前から稲田養魚に取り組んできた農民の中にも、魚を飼育するよりも市場から買ったほうがいいとの声が出た[6]。

竜現村も世界農業遺産に選ばれたことで、農民たちのプライドが満たされはしたが、それが、保全に直結するわけではない。浙江省は比較的裕福な地域だが、青田県は省内でも最も貧しく、一〇〇年以上も前から海外への移住者が後を絶たない。二〇万人以上が移住し、その子孫が世界各地に数百万人も住んでいる[8]。貧しく、山が多く農業に不向きな竜現村もその典型で、現在の人口は七六五人だが、六五〇人以上が、五〇カ国以上の国へと移住している[1, 2]。青田県の政府広報担当者は、竜現村が稲田養魚で有名になったのは、魚の質がよいからではなく、海外移住者が、西欧や北米で、自分たちの村をPRしたためだと言う[1]。

村の主な農産物は、コメ、魚と茶だが、一人当たりの農地はわずか〇・四四ヘクタールしかなく、石の彫刻や観光等の農外収入、そして、西側諸国に移住した元村民からの送金で生活している[6]。外国に移住した村人の土地を借りて規模拡大した最大の農家、楊民康氏の土地も〇・六七ヘクタールにすぎない[1]。楊氏の二〇〇五年の収入は四万元余りで、海外へ出稼ぎに行っている人たちに比べると少ない。

氏は「米を作り、魚を養殖するだけでは、豊かになれない」と話す[2]。

前述したとおり、餌をやらない伝統的な稲田養魚では、ヘクタール当たり三〇〇キロしか養殖できない。「田魚」の平均売値はキロ三〇元で、養殖魚の四倍はするが、魚だけでは、平均所得が一二〇〇元にもならない。地元農業当局は、数年前から水田の溝を掘り下げることで、漁獲量をあげようと試みてきたが、深いところでは魚が十分に餌を獲れないことから、この試みは失敗に終わっている[1]。

稲田養魚を行うには、魚種の選択、飼育密度や餌の管理、病害虫対策等、専門技術が必要だ。だが、村の若者たちは、都会で働くことに魅了され、十分な技術を学んでいないし[6]、伝統そのものに関心がない。高校を卒業すると、時には卒業を待たずに、出国の準備を始め、海外で出稼ぎをしたり中華料理レストランを開くことを夢見ている[2]。若年たちの流出は今も後を絶たず、稲田養魚を次世代に継承することが極めて困難となっている[1]。

村を担当する農業普及員の胡益民氏は「魚を養殖する村民はますます少なくなっています。この状況が続けば、稲田養魚は絶滅してしまうでしょう」と語る[2]。

曹操の時代から連綿と続き、劉基伝説まで備えた伝統農業は、経済的効率性の前には滅びゆくしかない無力な存在なのだろうか。

3 バリの女神様

農業近代化で混乱する伝統稲作

中国の稲田養魚が棚田で行われていたように、インドネシアのバリ島にも棚田がある。稲作の歴史は古く栽培遺物は一世紀まで遡る。[1,2] バリの気候では、四〜一〇月までは乾季が続く。稲作には灌漑が欠かせず、[3] 八八二年の最古の碑文にもすでに灌漑水田のことが述べられている。[2] 現在の農地は三四万ヘクタールだが、うち八万五〇〇〇ヘクタールが灌漑水田だ。[4] とはいえ、山地から流れ下る一六二本もの河川のほとんどは、柔らかい火山岩を深く刻んで流れ、通常のやり方では水が引けない。[3] このため、農民たちは、石や土、木で堰を築き、同時に岩山を穿つトンネルを掘って延々と棚田まで水を引いてきた。その断面は人間がやっとつるはしをふるえるほどだが、[2] 三km、深さ四〇mに及ぶものもある。[3] 八九六年の碑文には隧道工のことがふれられ、当時から専門の職人が必要なほど灌漑に社会的需要があったことがわかる。また、一〇二二年の碑文では、水田の水をわかちあうルールが述べられ、一〇七一年の碑文には「スバック」という言葉も初めて登場する。スバックとは、バリ独特のコミュニティの水管理グループのことで、川下では峡谷の水位を高めるため、スバックによって高さ四〇mもの土製のダムも築かれてきた。[2] 灌漑農業は塩害や地力の損失で生産性が落ちていくことが多い。だが、バリの棚田は一〇〇〇年以上も持続的に高収量を維持できた。[1]

さて、スリランカと同じようにインドネシアでも一六世紀からヨーロッパの植民地化侵略が始まる。まず、香辛料を求めてポルトガル人がやってきて、次には、イギリスとオランダが競いあい、最終的にはオランダが支配権を握り、一八七〇〜一九一〇年にかけ、道路や鉄道、港湾を整備していく。[5] バリは比較的手つかずに残されてきたが、[5] 一九〇八年に最後の王朝が滅ぼされた。[2] 人々は殺され、書物は燃やされ、宮殿は瓦礫に帰した。[5] オランダは一九一二年に、スバックや灌漑用水の地図化に着手し、[2] 土地測量を実施し、官僚的な灌漑制度を導入して、コメを換金作物として輸出し始める。[5] それまでスバックが行ってきたダムの建設や維持も植民地政府の土木技師が担うこととなる。[2]

そして、インドやスリランカに続き、アジアでも緑の革命が始まる。一九五〇年代にインドネシアは、人口増加によって毎年約一〇〇万トンのコメの輸入を強いられていた。[6,7] 政府はコメの増収を約束した「緑の革命」に魅了され、一九六七年にＢＩＭＡＳ（Bimbingan massal）、「大規模ガイダンス」と称されるプログラムを実施する。[7] 国際稲研究所が一九六二年に開発した高収量米品種ＩＲ８が、[6] 一九六八〜六九年にバリに導入され、[4] 一九七一年にはアジア開発銀行によって、[8] 農業近代化のため五四〇〇万ドルもの事業計画が立てられる。[5,7]

コメを自給用作物から換金作物へと転換させることを目指した点ではオランダと同じだが、緑の革命は[5]、化学肥料、農薬と「奇跡のコメ」という新技術を伴っていた[5,6,7]。一九七四年には、棚田の四八パーセントが新品種となり[6]、三年後には七〇パーセントにもなる[6,9]。新品種は、在来品種よりも早く育つ[7]。農民たちは、伝統的な灌漑スケジュールや輪作、コメ＝コメ＝パラウィジャ（二番作）を放棄し、年に三期作するよう奨励された[4,7]。

だが、生産が高まったのはごく短期間だけだった。一九七四年には地区の農業事務所から灌漑用水管理の混乱と害虫の大発生が報告され始める[7,9]。ＩＲ８は害虫トビイロウンカに弱く、一九七七年に二〇〇万トンもの被害を出す[6]。国際稲研究所は直ちに、トビイロウンカに耐性があり、より早く成熟する改良品種ＩＲ36を開発する[6,9]。新品種が奨励され、農民たちは在来品種の栽培を禁じられた[6]。だが、ＩＲ36にも弱点があった。ヒメトビウンカが葉の汁を吸うことでうつす縞葉枯病に弱かったのだ[9]。そこで、今度は、縞葉枯病に強いＰＢ50が登場する。だが、これもイネごま葉枯病に弱いことが判明する。収量は一九八二〜八五年には激減し、害虫で全滅する地区も出た[9]。

アジア開発銀行は、灌漑の効率を高めるため、バリ灌漑プロジェクトを一九七九年に立ち上げる[4,5]。小規模施設は、大規模な恒久堰へと統合され、農民たちの施設維持費は削減された。とはいえ、何世紀にもわたって発展してきた複雑な水利権は考慮されなかった。スバックは、水の分配や権利をめぐって争い始める。バリ灌漑計画も成功しなかった[4]。緑の革命に参加した誰もが、失敗を痛感した。近代的な方法が導入されると、いつもきまって収量は落ち込んだ。農薬が害虫を殺しても、抵抗力のある別の害虫がすぐまた発生した。豊富にいた水田の魚やウナギも農薬で殺され、地元の病院によれば、農民たちも命を落とした。[10] 灌漑用水も混乱を極め、農民たちはこの時期を飢餓と収穫の失敗「ポソ」と呼んだ。[9]

害虫被害を防ぐ湖の女神の神秘的パワー

バリでは、コミュニティ活動が極めて重要なものとされ、農村では前述したコミュニティ組織スバックが、人々の暮らしで欠かせない役割を果たしてきた。数多くの水田を管理し、ダムやトンネル、用水路を建設・維持するのもスバックで、一九九九年時点では、約一二〇〇人からなる約一五〇〇のスバックが、九万ヘクタール以上の全灌漑地域をカバーしていた。[3] スバックは、総会（パルマン・スバック）、委員会（パラジュル・スバック）、そして、会員（ケラマ・スバック）からなる。簡単な問題は委員会で決めるが、重要な問題は全員が参加する総会で決め、委員もこの総会で選ばれる。男性が家族の代表とされているため、ほとんどのメンバーは男性だが、宗教儀式では女性たちが大きな役割を果たすため、会議には女性も関わる。しかも、社会的地位とは無関係に、誰しもが平等の水利権を持ち、用水は平等にわかちあう。[3] 高標高地域では雨は激しいが河川は狭く、堰も小規模で水が不足しがちだ。[2] そこで、全員から民主的に選ばれる代表ペカセーがどう水を分けるかの責任を負う。大規模なスバックは、二〇～四〇人からなるサブグループ「ムンドック」に分割されることもあり、作付や水管理をある程度自主的に決められる。とはいえ、ムンドックもペカセーから直接的な指令を受け、スバックの規則に従わなければならない(4)。

予想される水量によってどの種類のコメを栽培するか。さらに、水が不足しそうであれば、代替作物パラウィジャを植えて、コメを栽培しないことも決める(3)。伝統稲作では、穂だけを刈り取り、養分が還元されるよう茎は残す。収穫後には茎を腐らせるために湛水したり、水を落として休閑するが、こうした田畑輪換は、養分循環、PH、微生物活動、雑草防除、耕盤形成等、様々な効果をもたらす(1、11)。このように作付や水分配を管理し、同時に祭りの儀式の責任も負うのがペカセーだ(3、4)。ペカセー(あるいはパカサイ)の起源も古代の碑文に言及されているほど古く(2)、過去一〇〇〇年にわたってスバックは効率的に機能し、どんなトラブルも効果的に解決してきた(3)。

民主的で男女平等にも配慮する参加型のコミュニティ組織スバック。さてこれまで紹介してきた事例であれば、コミュニティ・レベルでの解決策の記述だけで事足りた。だが、バリの事例はいささか違う。興味深いことに、スバックは、中央集権的な灌漑マネジメントではないのだが、完全に分権化されているわけでもない。ボトムアップとトップダウンのシステムが相互につながり、全体としてコントロールされているのだ(4)。

例を見てみよう。バリの人々は、農業の神や寺院の複雑なネットワークを築いてきた(1)。だから、水田や灌漑用水に沿って、いたるところに「水の寺院」がある。[10] 最古の灌漑水田が発見されているペタヌ川では、[2] バヤドと呼ばれる堰によって分水された水が約一〇〇ヘクタールの棚田に流れていくが、この堰には祭壇ウルン・エムペランがある。[11] 農民たちはこのコメの神に捧げものを行う。[1] そして、棚田上にはウスン・スウィ寺院がある。[11] この堰から数キロ下流のマヌアバ堰は、一〇のスバックからなる三五〇ヘクタールの棚田に給水しているが、ここにも二つのウルン・スウィ寺院がある。この寺院でなされる儀式が農作業の歳時記を決める。[11] そして、これらウルン・スウィ寺院は、マスセティ・パモス・アプーと呼ばれる上級の寺院に属する。[1] 一〇のスバックの代表全員は、年に一度マスセティ寺院に集まり、「デヴィ・ダヌ」への捧げものを届け、初めてスバックや農民たちは、「テクテク」と呼ばれる水量の権利を得られる。[2,11] つまり、単独のスバックだけでは作付計画は決められず、この場合で言えば、「デヴィ・ダヌ」をたたえるための祭りを開き、一〇のスバックを組織するマスセティ寺院が、作付を決めている。[1] では、デヴィ・ダヌとはいったい何者なのだろうか。

バリ島民たちの伝統的な世界観では、最高神は二人いる。王の権力と関連する最高峰アグン山（三一四二m）の山の神。そして、二番目に高いバトゥール山頂（一七一七m）には、クレーター湖と呼ばれる淡水の火口湖があるが、そこに棲む湖の女神「デヴィ・ダヌ」だ。[1]

火口湖を見下ろすバトゥール村には、最も格式が高いウルン・ダヌ・バトゥール寺院があり、[1,10] そこには、生涯をデヴィ・ダヌに仕える独身の高僧ジェロ・ゴデがいる。ジェロ・ゴデは、神がかり状態となった尼僧から選ばれた少年がなり、スバックから女神への貢物を捧げ、夢として信託を授かる。このため、女神の地上の代言者とされ、灌漑用水に対する特別な権威を持つ(1)。それにつき従う二四人の僧侶たちも同じく女神に仕えるために幼年期から選ばれ、神秘的なヒンドゥ教の儀式を執り行う(1、10)。

バリは古代カンボジアのアンコール・ワット文明ともつながり、儀式の半分はバリの古代言語、ジャワ語でなされるが、残りの半分は、サンスクリット語でなされ、女神デヴィ・ダヌは、ビシュヌ神とも考えられている(10)。

火口湖は中部全域の灌漑用水の供給源となっているが、この恩恵を受ける農民たち全員は、女神に捧げものをする(1)。すべての水の寺院はジェロ・ゴデの権威下におかれ、その統制は全農地のほぼ半分に及ぶ。灌漑用水も僧侶たちが管理し、そのやり方を変えるには、いちいちジェロ・ゴデの承認を受けなければならない(10)。こうして、ジェロ・ゴデは、各スバックにどれだけの水を配分するかを決め、水不足の犠牲者が出ないようにしている(1)。もっとも、農民たちの水争いに決着をつける手法そのものは、極めてシンプルなもので、二番目の高僧ジェロ・ゴデ・アリタンは、こう述べている。

「いったい誰がこの水を産み出してくれたのか。女神様からの贈り物を巡って争うならば、女神様の泉が枯れてしまうことがわかっているのか(10)」

それで農民たちは納得した。つまり、農民たちは、何世紀にもわたり、何百ものコミュニティ間の灌漑を調整するうえで、「水の寺院」の僧侶たちに頼ってきた。緑の革命以前は、水の寺院に毎年集まり、作付と灌漑スケジュールを調整することが、水争いの解決手段となっていた。[7]

農民たちはこの調整がいかに必要かを理解していた。そこで、上流の農民たちは、[6]緑の革命のやり方を捨て、徐々に水の寺院のやり方へと戻っていく。[10]古い用水路を再編することで、新たに整備された灌漑施設を放棄するスバックも出てくる。[4]だが、下流では高収量品種を栽培しなければ法的に罰せられる。[6]そこで、農民たちは、伝統的な水の寺院による灌漑に戻してほしいと強く政府に求めた。[6、7、9]だが、外国人のコンサルタントたちは、これを宗教的保守主義と改革への抵抗と解釈し、[6、7]辛辣に批判した。[7]緑の革命のアドバイザーたちは、水の寺院の価値を断固として受け入れず、「必要なのは高僧でなく、水文学者や水の科学者なのだ」と口にした技術者もいた。[10]政府のリポートも水の寺院を「バリ島のコメのカルト」と報告した。[9]

農業近代化は終わらなかった。[10]政府はさらに三六もの堰を再建し、関連する灌漑事業も実施する。高収量米の栽培がさらに後押しされ、伝統的な栽培暦は放棄される。宗教儀式は残されたが、農民たちは可能な限り頻繁にコメを栽培するよう奨励され、[6]儀式は稲作の管理調整力を失った。[6、7]

だが、結果は悲惨だった。例えば、前述したペタヌ川のマスセティ寺院に属する一〇のスバックでは、一九七〇年代後半に各スバックが米を連作すると害虫被害が最大五〇パーセントにも及んだ。ところが、その後、一九八八年~八九年に以前のしきたりどおり作付をしたところ、高収量米IR64でヘクタール当たり六・五トン、次に別の高収量米クリングでは六トン、次の野菜では約二トンが収穫でき、トビイロウンカの被害は一パーセント以下に減ったのだ。[9、11] 寺院の調整で水不足が解消されることはすぐにわかる。だが、害虫の被害も防げるとなると不可思議ではないか。デヴィ・ダヌには、なぜかくも神秘的なパワーがあるのだろうか。アグロエコロジー的にそのしくみを確認してみよう。

上下流が協力する休閑が害虫被害を減らす

ここで米国の人類学者スティーブン・ランシング博士が登場する。博士は現在、南カリフォルニア大学の人類学部長だが、まだ大学生であった一九七一年から、フィールド・ワークを始めていた。[6、10]

「一九七〇年代半ばには、多くの友人たちが、緑の革命で引き起こされた深刻な問題に直面していました。[10] 高収量品種はトビイロウンカのような害虫だけではなく、天敵も殺したのです。ですから、数年後には害虫が大発生します。[6] これに対し、全域でヘリコプターと飛行機で農薬を空中散布することで政府は対応したのです。僧侶や農民たちの懸念は真剣に受け止められていませんでした[10]」

バリでうまく農業を続けるには、輪作を調整し、限りある水資源を効率的に使うことが欠かせない。ランシング博士は、複雑な伝統的歳時記が、どれほど最適であったかに気づく。[10] 寺院の研究を通じて、外国人たちから無視されたり、誤解されてきた「水の寺院」の役割にも着目する。[1、6、7]

「バリでは、取水地点ごとに寺院があります。西洋の目線では美しい女神、儀式や花と宗教的機能だけが見えます。ですが、寺院には実用機能も同時に兼ね備えています。西洋はその機能を別々に引きちぎるため、その重要性を見逃すのです[6]」

以前の科学者たちが、水の寺院の重要な役割を見逃してきたのは、伝統的なシステムから学ぶべきものは何もないと考える典型的な西洋の態度のためだと博士は考える[10]。

「水の寺院の持つ力に対し、オランダ人たちの目がかなり霞んでいたとすれば、緑の革命促進に関わったプランナーたちは、完全に見えていなかったのです[7]」

オランダ人たちは、伝統的な灌漑管理や農業生産で果たす水の寺院の重要性を理解していなかった。しかし、バリの文化に重要なものとして、寺院には手を付けなかったため[5]、オランダの植民地時代には、水田農業はわずかしか変わらず[4、7]、ほとんどの棚田は、二期作を続け、オランダの官僚的な灌漑制度は水の寺院と共存していた[5]。だが、緑の革命で「誰もが自分のため（ツラク・スムル＝tulak sumur）」という作付を行うと、害虫被害が増えてしまう[6]。

伝統的な水の寺院のシステムが、なぜ機能するか[8]。ランシング博士は、一九八三年に全米科学財団の支援を受け、伝統稲作で果たしていた「水の寺院」の役割を調べ始める[6、7]。世界のどの地域であれ、灌漑が抱える本質的な課題は、上流側が有利で、川下に水を流すインセンティブが働かないことだ[8]。上流側が下流側のために水を流せば、自分たちは全部の水が使えない[3]。だが、バリの農民たちは寛大で下流にも協力する。それはなぜだろうか[3、8]。博士は、下流側にもある種の「力」があることに気づいた[8]。

伝統的な灌漑は河川を堰で仕切ることから始まった。だが、河川水量は、高度や季節で変動する。多くの農民たちが同時に作付をすると、わずか数キロしか離れていない堰の水需要はピークに達する。そこで、各スバックが少しずつ作付時期をずらせば、水の利用効率は高まる。[6] だが、そのやり方は別の問題を産む。近くの水田にイネが育っていると、害虫が簡単に移動し大発生してしまうのだ。[3,6] 広範囲で作付調整を行い、すべて同時に休閑地とする場合にのみ——種類によって面積や時間には違いはあるが——害虫は生息地や餌を一時的に奪われて防除できる。[2,3,6,8] 収穫後に稲藁を集団で燃やす、収穫後も湛水してアヒルを群がせるといった伝統的な農作業も病害虫を抑えることに多少は役立つ。[3] とはいえ、それ以上に重要なことは、ブロック単位で全員が協力し、広範に作付や休閑期をシンクロさせることなのだ。それが、害虫だけでなく、齧歯動物やウイルス性の病気も抑える。[1] もし、上流側が水を流さなければ、下流側は同時作付を拒否でき、上流側も被害を受けることになる。[8] 上流と下流とが協力しあうことにはメリットがある。上流も病害虫が減り、下流も水不足を経験しない。[3] 水の寺院は、農民たちの作付をシンクロさせ、水の配分を最適化するとともに、生息地を奪うことで害虫発生を抑えていたのだ。[7,8]

だが、緑の革命は、このバランスがとれた耕作サイクルを破壊した。[1] そこで、翌一九八四年に博士は、近代化に固執するアジア開発銀行宛に報告書を書き、寺院の儀式を無視しないよう訴えた。[6,7]

「害虫防除で果たしてきた水の寺院の重要性を理解し始めたため、伝統的な制度の価値を理解してもらおうと書き始めたのですが、うまく説得できませんでした[6]」

開発銀行の副頭取と農村開発プロジェクトの代表は博士のアドバイスを拒絶する。

「なるほど、広範な休閑地と害虫とには因果関係がありましょう。ですが、中部や東部ジャワのように水資源が豊富な地域では、年に三期作ができます。有効な害虫防除がなされれば、通年での稲作が可能となりましょう。伝統や風習に影響を及ぼさない開発はありません。プロジェクトを批判することは誰もできますが、中にはこうした難題を克服する者もいるのです」

アジア開発銀行は、農薬の使用を推進し続けた。だが、四年後に、世界銀行の研究報告書は「バリの土壌や水を広く汚染させてしまった」と書くこととなる。[7]

パソコンが解き明かす古代の叡智

ランシング博士には、水の寺院が機能していることはわかっていたが、それがどのようなしくみで機能しているのかはよくわからなかった。[10] スバック内や隣接するスバック同士の議論や水の寺院での儀式は、全体のバランスに配慮し、誰もが全体のことを心に留めるよう努める。それによって、秩序が維持されていることはわかる。だが、それはどのようにして始まったのだろうか。[8] 僧侶や寺院の儀式によって管理されるエコロジー的な相互関係は、簡単に把握できないほど複雑なシステムだった。[10]

ランシング博士は、一九八六年に南カリフォルニア大学から援助金を得て、ジェームズ・クレーマー博士を呼び寄せる。[6] クレーマー博士は、生物学の准教授であると同時に、アップルのマッキントッシュの専門家だった。[7,10] 再び全米科学財団の支援を受け、[6,7] 両博士はシミュレーション・モデルを構築するため、ギニャール県のオース川とペタヌ川流域を選ぶ。そこでは一七二のスバックが六一三六ヘクタールの水田を耕している。(2、6) 一九八九年にバリの学生たちの協力を得て、降雨量、灌漑水量、収量、害虫被害のデータが集められた。(2) 水利用と害虫防除という相反する目標をバランスさせるには、上下流域に及ぶ何百ものスバック内でどうコーディネートするかが鍵となる。(2、6) そこで、シミュレーション・プログラムを走らせてみると、次頁の図のように中間規模での調整が最適で、かつ、それが水の寺院の僧侶たちが調整するスケールと一致することがわかったのだ。(6)

「コンピュータ・モデルは、伝統的な水寺院のシステムが水需要と害虫防除をバランスさせるうえで、いかに効果的なコントロール方法であるかを示しました。私たちは、科学的事実で彼らと話したのです」(6)

伝統稲作に隠された深遠な構造と健全さ。水の寺院の価値は、明快な説明と美しいグラフィックスを用いて、(8) ウルン・ダヌ寺院で開催された集会において、高僧、科学者、そして、政府の役人たちの前でデモンストレーションされた。(10)

「可能な限りの作付」は災害のための公式だった。(8) 誰もが自分のために、という緑の革命型の作付や中央集権的な政府の灌漑管理よりも、水の寺院のマネジメントははるかに効果的で優れていた。宗教的な象徴としてだけではなく、農業生産も効果的にサポートしていた。(10) 伝統的な作付は農薬よりもはるかに害虫には効果的だった。(8) シミュレーション分析は、水の寺院の作付調整がいかに巧みで持続的であるかを示すと同時に、政府のやり方が、なぜ害虫大発生につながったかを示した。伝統的システムの成功と近代的手法の失敗の双方を同時に説明したのである[1、10]。

政府も最終的には、伝統的な灌漑のしくみを無視したコストを認めた[7]。バリ州政府は、水の寺院の役割を見直し、緑の革命型の作付や農薬散布を止め[8]、一〇〇〇年間続けてきたやり方に戻るよう奨励した[5]。農民たちは、以前の灌漑、伝統的な輪作へと戻った[9]。

ランシング博士は言う。

「水の寺院は政府の灌漑部局からも認められました。今、バリのほとんどは、水の寺院の作付調整力を取り戻したのです[1]」

幸いなことに高収量は維持された[8]。さら

水の寺院のコーディネートが最大収量を生みだすことを示すシミュレーション・モデル

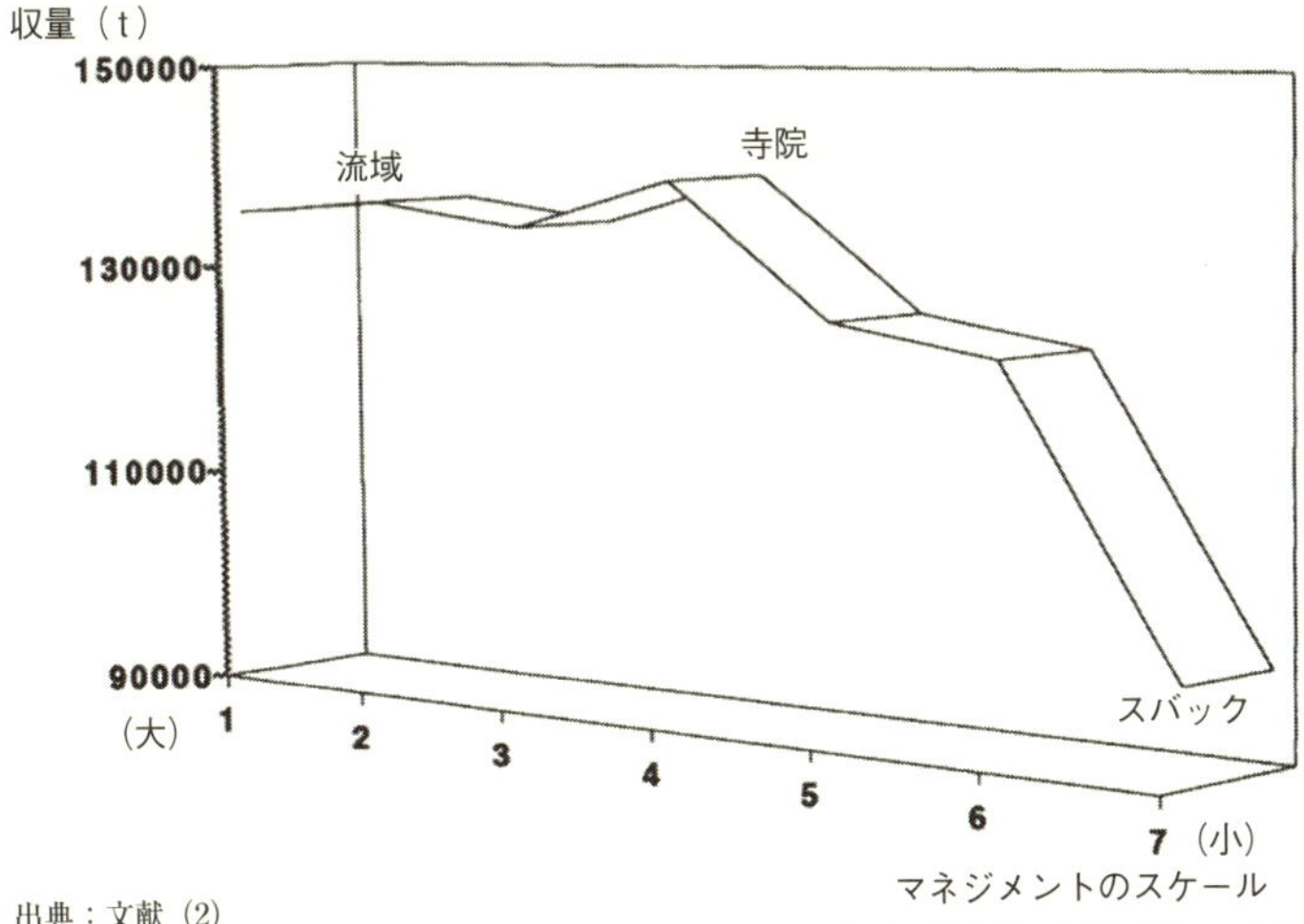

出典：文献（2）
各スバックがバラバラに作付を行うと虫害の被害が大きく（右)、全流域の作付パターンを同じにすると虫害は減るが、水が不足する（左)。害虫と水とのトレードオフを最適化し、最大収量が得られるのは、現実に水の寺院が行っている調整規模と一致する。

に、水田が産み出すのはコメだけではない[1]。博士は伝統農業がいかに生物多様性を活かしてきたかをこう語る。

「数多くのコメ品種があり、島内の様々な地域環境に即して選抜されていました[6]。水田には、ウナギや魚、カエルやトンボがいましたし、収穫直後にはアヒルが放たれ害虫を食べます。そして、田植え前に再び外に出されます[1,6]。こうしたサイクルを調節することで島民たちは多くの蛋白質を手に入れていたのです。私たちは、都市化が進むことを文明だと考えています。ですが、バリには都市がありません。人口密度はかなり高いのに村は水田の周囲に分散し、少なくとも九世紀以来同じ場所にある。私たちの巨大なモノカルチャー農業のアプローチとはとても異なっているのです[6]」

「コモンズ概念」に注目し、開発途上国における森林の共有利用で二〇〇九年にノーベル経済学賞を受賞したエリノア・オストロームは、共有天然資源を保全するには、地元住民が、互いの活動を建設的にモニタリングしあうことが必要だと述べている。何世紀もかけて開発されてきたバリ島民たちのコスモロジーも、建設的な資源共有の仕掛けを組み込んできた[1]。スバックの根には、創造者（神）、人間（農民）、そして、自然（水田）が互いに調和して暮らす時にのみ幸せに到達でき、このバランスが失われると、病気や天災さえ起こりうるという「トリ・ヒタ・カルナ」の哲学がある[4]。インドの雑誌は、いささか皮肉を込め、このいきさつを次のように表現している。

「バリの女神は、出しゃばりな不信心者たちに一時的に罰を与えた。だが、彼女の力を科学的に立証させるため、二人の科学者、ランシングとクレーマー両博士とマッキントッシュの最新技術を呼び寄せた。そして、女神は、彼女を崇拝する支持者たちに恵みを返した。おそらく、これからさらに一〇〇〇年は保障されるであろう(10)」

サンタ・フェ研究所の複雑系の研究者たちが明らかにしたとおり、水の女神様は近代農業よりもずっと慈悲深かったのである。

伝統農法コラム4

おごれるものは久しからず——極相林は勝ち組か

エンドウマメと言えば、メンデルの遺伝の法則で有名だが、メンデルと同じく熱心に家庭菜園でエンドウを栽培することで「もうひとつの法則」を発見した人物がいる。その人物は、どのサヤからもマメが均等に得られるわけではなく、収穫量の八〇パーセントが、たった二〇パーセントのサヤからもたらされることに気づいた。どのサヤも均等ならば、こうした結果は起こらない。成果をあげる優れた二〇パーセントのサヤと、さして成果をあげられないそれ以外の多数のサヤ。後に「八〇：二〇の法則」として知られるようになる経済原則をイタリアのヴィルフレド・パレート（一八四八～一九二三）は、家庭菜園でエンドウを栽培する中から見出したのだった[1]。

パレートの法則は、あらゆる場面に登場する。二〇パーセントの人気商品が全商品の売上の八〇パーセントを占めるという法則や、コラム3でバラバシ教授が明らかにしたウェブ上のリンクもそうだ。同じ法則は、富の分布にもみられ、どの国でも富の大半はごく少数の金持ちの手に集中している。しかも、最新のネットワーク科学からは、本人の創造力や意欲とは無関係に格差が生じてしまうことが見えてきた。そのひとつに物理学者ジャン・フィリップ・ブーショとマルク・メザール（ともにパリ大学教授）が行ったコンピュータ・シミュレーションがある。一〇〇〇人にランダムな金銭を与え、各自に自由な投資活動を行わせてみたところ、金儲けの才能を平等に設定していたにもかかわらず、最終的にはごく少数の者がほとんどの富を所有するようになり、その分布はやはりパレートの法則にしたがっていたのだ。
　では、なぜ少数の人の懐に富が集中するという現象が起きてしまうのか。その理由は、確率がもたらす物理特性にある。シミュレーション上では、誰もがランダムな投資を行い、その見返りを受け取る。幸運も不運も偶然だから、ほとんどの人は勝ったり負けたりして差は開かない。だが、偶然にある幸運に恵まれた人は多額の投資をできるようになる。この大きな投資がさらに大きな見返りを産み、その人の富はネズミ算的に蓄積していく。一方、偶然に災難にあった人は投資ができず、見返りを受けられずに没落していく。ある投資で数百万円を失っても億万長者には痛くもかゆくもないが、低所得者には同額は致命的で人生の破滅を意味するというわけだ。

　自由市場原理には、金持ちが豊かになれば、貧しい人もそのおこぼれをあずかれるという「トリックルダウン理論」がある。だが、ネットワーク科学は、豊かなものがさらに豊かになり、格差は広がる一方であることを教えてくれる。(2) ビデオ規格でベータマックスがVHSに敗北し、マイクロソフトがアップルを凌駕して、パソコン業界を席捲していく。わずかの差がその後の運命を決定づけるという現象は、従来の均衡経済学では十分に理解できなかったが、米国の経済学者、ブライアン・アーサーの不均衡な複雑系、すなわち、「収益逓増の経済学」でよく知られるようになっている。(3) この世で勝ち組と負け組の格差社会が生じてしまうことは、避けられない必然のようなのだ。とはいえ、ことはそれほど単純ではない。

「祇園精舎の鐘の声、諸行無常の響きあり。

娑羅双樹の花の色、盛者必衰の理をあらはす。おごれる人も久しからず、唯春の夜の夢のごとし」

平家物語の冒頭に登場するこのフレーズの根底には、いま、繁栄し栄華を極めている人々も、いつしか没落するという無常観がある。古代インド哲学の世界観も恒常的なものではない。ブラフマーによって創造された宇宙は、ヴィシュヌによって維持されるが、その寿命が尽きた時、シヴァはこれを破壊する。だが、シヴァは同時に再生の神でもあり、かくして、宇宙は破壊と再生を繰り返す。

一方、近代西洋科学では、ニュートン物理学に象徴されるように、自然現象は数式で解き明かせる静的なものだと考えてきた。マルクスの唯物史観でも、奴隷制から共産主義へと歴史は一方向に発展していくもので、双六のように共産主義が再び原始共産主義社会に後戻りするという考えはなかった。こうした西洋的なモノの見方を代表するものに、生態学の分野では、米国のクレメンツ（一八七四〜一九四五）が提唱した「極相」という考え方がある。痩せた土地にまず一年生草本が生え、次第に草原となり、マツ等の陽樹が生え、その後に暗い林床でも成長できる陰樹に変わると、それ以降は変化しない。陰樹という優占種に空間が占められてしまえば、それ以外の植物は日光を遮られて生えられない。この静的な「平衡状態」に達した森林を「極相林」と呼ぶ。前の例でいえば陰樹が「勝ち組」というわけだ。そして、極相に達した後に有史以来人間の攪乱を一切受けていない森林を「原生林」と呼び、自然保護上で価値あるものとしてきた。

だが、世界各地の生態系の研究が進むにつれ、自然界はそれほど単純ではなく、ほとんどの生態系が、①資源の利用、②システムの保全、③

資源の開放、④システムの再編成という四段階からなるサイクルを繰り返していることがわかってきた。経済のみならず、生態学においても、「平衡」からダイナミックな複雑系への世界観のシフトが一九八〇年代になされていたのである。この転換で大きな役割を果たしたのが、カナダのオンタリオ州の森林研究所で森林生態系を研究してきたバズ・ホリング、ブリティッシュ・コロンビア大学教授だ。

クレメンツの極相の考え方からすれば、人間の手が入らない原生自然は、未来永劫安定しているはずだが、現実の北米の森林では四〇〜一二〇年スパンで、何千平方キロにわたってハマキガが大発生し、ほとんどの森が枯れては再生するという循環を繰り返していることがわかってきた。なぜこんなことが起きるのか。その理由のひとつは害虫とその天敵である野鳥にある。樹木がまだ小さい段階では森も明るく野鳥は害虫を見つけやすい。だが、森が成熟し葉が深く生い茂るにつれ、鳥は害虫を探し出せず、害虫はコントロールを失い増えていく。そして、虫の数がある閾値を越すと突然大発生し、森全体を枯らすのだ。つまり、極相に達した森林は一見繁栄しているように見えて、外的ショックに脆弱になっている。

数十年スパンで、嵐で木がなぎ倒れたり、落雷で山火事が起きたりして攪乱されては再生を繰り返しているのが、自然の森林生態系だったのだ。だから、安定した材木生産や自然保護のために、山火事を消火する活動は、皮肉なことに、その意図に反して、森林に内在する脆弱性をむしろ高めることになってしまう。長期間攪乱を受けずにきた森林には可燃物である落ち葉もたっぷりと溜まっている。時限爆弾を抱えているようなもので、ひとたび火が付くとどこまでも限りなく燃え広がり、手が付けられない。保全生態学者たちは、自然をコントロールしようとしてきた近代的なマネジメントは誤っていたと指摘する。(4)

一方、こうした複雑適応系の理論からは、伝統農法のマネジメントは、高く評価される。例えば、ストックホルム大学のストックホルム・レジリアンス・センターのカール・フォルケ教授らはこう述べる。

「火災、ハリケーン、害虫の大発生等によって、生態系内部では絶えず撹乱が引き起こされているが、これは、生態系に固有のダイナミクスであって、生態系が更新される機会につながっている。そして、数多くの伝統社会は、小規模な撹乱を引き起こすことで、生態系の更新の源を育んでいるようにも思える（略）。伝統的なアグロフォレストリー、ミルパも森林ギャップを創り出すことで、自然の更新プロセスを混乱させず、作物を生産し、野生の食料源を豊かにしているが、ミルパのような遷移マネジメントの価値をエコロジストたちが認めるようになったのは、比較的最近のことにすぎない（略）。だが、『トウモロコシ文化』の神話では、もし、適切にミルパを行うことを人々が止めるならば、破滅がくると英雄は人々に警告してきたのだ」(5)

古代メキシコのなんたる叡智か。複雑系の生態学が導きだした結論は、栄枯盛衰という自然のサイクルに従って生きよ、という伝統知識の警鐘と同じものだったのである。

複雑系の経済学が明らかにしたようにこの世は平等ではなく、格差は必然的に拡大していく。だが、それは、不安定性を内在させることでもある。ストレスが限界に達した時点でシステムは瓦解し、再び栄枯盛衰を繰り返す。システムの安定が長期的であればあるほど、広大であればあるほど崩壊の揺り戻しも大きい。グローバリゼーションの危険性はそこにある。

伝統社会では北米インディアンのポトラッチの儀式が象徴するように、一定期間ごとに偏在する富の散財を繰り返してきた。これは、広まる格差をどこかでチャラにしなければ、将来的には巨大なカオスと反動が訪れることを知っていたためではなかったか、と筆者は考えたくなるのだがどうであろう。

エピローグ

行く川の流れは絶えずして

私的利益の追求か他者のための自己犠牲か。市場の自由か国家規制か。二律相反する難題の解は意外なことにコミュニティにある。複雑系の科学は、各人が収益を追い求めるとも、相互扶助しあう関係性が自己組織化する可能性があることを明らかにしてみせた。

旱魃、洪水、病害虫。次々とコミュニティに襲い来る飢餓への恐怖。このリスクをいかに抑え持続性を担保するか。これこそが全世界の伝統農法が心同じくして追求してきたミッションだった。

だが、数百年の歳月を耐え忍んできた、さしもの古代農法も、長期的気候変動や地質変動の前にはあわれなほどもろかった。淀みに浮かぶ泡沫は、消えかつ結びて久しくとどまるためしなし。多くの古代帝国や文明とともに農法もこの地球上から消え去っていくのだった。

自然生態系を模倣する小規模農場

近代農業がなければ地球の自給率は三五パーセント。さりとて、緑の革命であれ、遺伝子組換え技術であれ、それを走らす動力源は石油だ。ピーク・オイル時代に突入すれば潤沢には使えなくなるだろうし、持続性もなかろう。となれば、石油に依存せずに近代農業に匹敵する、いやそれ以上の食料を産み出せる「農法」があればいい。この物語は、そのような農法が古代と辺境の地に埋蔵されているとの想定のもと、宝を探し求めてラテン、インド、アジアを駆け足で巡ってきた。そして、作物多様性の重視。雑草や洪水の活用。マメ科植物や養分循環……。海を隔てた諸大陸で、情報や技術交流がないままにそれぞれ独自に発達した伝統農法には、なぜか驚くほど似通った特性が見られるのだった。伝統農法とはいかなる特徴を持ち、何を目的とする農法だったのだろうか。ここで再整理をしておこう。

第一は自然生態系との類似性だ。伝統農法は自然のしくみを巧みに模倣し、植物群落が遷移する際の旺盛な再生力や養分循環機能を活かしている。例えば、自然植生を伐採し、焼き払う焼畑農業。作付を続ければ養分も減り、雑草が繁茂し、害虫が発生し始めるから、数期しか栽培できない。とはいえ、その後、放棄すれば土壌養分は自然に回復するし、休閑中の栽培地も無駄にはならず、バナナ、アボカド、コーヒー、ココナッツ等が収穫される。適切な休閑期を確保する限り、このサイクルは無限に繰り返せる。[1] 第一章第三節で紹介した国際アセスメントもこう述べる。

「伝統的な森林管理では、無計画に火を用いてこなかった。インドネシアのスンバワ島の住民が行う毎年の火入れは、放牧に適した草原の維持を目的とし、しない場合より野生の草食動物を豊かにしている。同じく、ネパールも家畜用の草地再生を促進するために火を用いている[2]」

自然生態系では森林や草原が発達し、地表面がむき出しになることはまずない。枝、リター、藁や雑草、堆肥等で土壌表面を被覆するマルチ農法も自然生態系の模倣だ。雨風による土壌侵食や雨滴による病原体の散布、雑草の繁茂が防げ、地表温度は下がり、土壌水分が保全される。緑肥としてマメ科植物を使えば、さらに窒素養分も確保できる[1]。国際アセスメントはこう述べる。

「スリランカでは伝統的に農業は林業と統合されてきた。キャンディ森林公園内の農業は熱帯林を模倣したもので、平均面積こそ一ヘクタールと狭いが、三〇本もの常緑樹、半常緑樹、低木の混合林からなり、農法に取り組む農民たちは、生活状況が比較的よく健康的で長寿だ[2]」

モノカルチャー栽培と違って、伝統農業はたいがい数種の作物が同時に混作される。ジャワの家庭菜園の生物多様性は熱帯林に匹敵し、最大六〇七種もの作物が栽培されている。これだけ多くの植物を同時に育てるアグロフォレストリーや混作にも意味がある。一見、作物間の競合を引き起こしそうに思えるが、自然生態系の植物は様々な高さで生育し、空間的な多様性を保つことで光や養分を最大に活用している。地中部も同様で、根の構造は植物によって違い、養分や水が吸収される時期や深さも様々だから、直接競合することはない。つまり、様々な高さや葉・根を持つ作物を混作すれば、生態系全体として光、養分、水が効率的に利用でき、一作物だけに着目すれば低収量でも、トータルとしての面積当たりの産出量は高くなる(1)。

アステカのチナンパスや中国の稲田養魚のように伝統農法は水圏生態系すら農業に巧みに組み入れてきた。国際アセスメントはこの点も評価する。

「先住民たちは、農業を水産業とも結び付けてきた。伝統的に東南アジアや東アジアでは、稲作と漁業が統合されてきたが、それは食料以上の恩恵を農家にもたらす。江蘇省や福建省泉州市では、ボウフラを食べる魚を水田に導入することで、収量を高めるとともにマラリア発生率をかなり減らしている。漁業と統合することで病虫害が自然に防げ、農薬使用も減らせる(2)」

伝統農業は生態系から産み出されるすべての生産物を活用し、無駄にはしない。東南アジアの多くの地域では水田はある種の「公共空間」で、コメは生産者の私有物であっても、魚やコメネズミ、カニ等はコミュニティのものとして捕獲されてきた。それが、ネズミや苗を切るカニの被害を抑えることにもつながった(3)。

また、農地生態系が複雑な混作では、ハチ、クモ、テントウムシ等の天敵の生息地が確保されるため、一般に害虫の大規模被害は少ない(1)。養分保持に化学肥料、病害虫防除に農薬、雑草防除に除草剤が必要となるのは、近代農業が自然生態系のバランスを人工的に改変しているためなのだ(3)。

伝統農法には、科学的には理解できない実践例も数多い。例えば、ミネソタ大学のデヴィッド・サーストン教授は、ペルーのチチカカ湖近郊に住むアヤマラ族の病害虫防除法をその事例としてあげる。部族は、妊娠中や月経中の女性、酔っぱらいの男性が畑に入ることが地面を病気にすると信じ、満月の時か太陽に暈があるときには作付しないことが病害虫対策になるとしている。教授はどう見ても実用効果がない迷信だと述べている。[4] しかしながら、長期にわたって続けられてきた実践の中には、科学的にも合理的で説明がつくものもある。例えば、カリマンタン中部の熱帯林での焼畑でコメを栽培するダヤク族は、コメと一緒に畑の境の小道にケイトウを栽培する儀式を行う。部族が信じるコメの精霊「ルイング」は女神で、ケイトウの美しい花を望み、コメになるルイングの血液を象徴するためだ。非食用のケイトウを栽培することは一見無駄に思える。とはいえ、コメとほぼ同時期か、それより少し早く熟するケイトウの実は、周囲の森林から襲来する猿や野鳥の餌となる。つまり、結果として、コメを守ることにつながっている。

マレーシアの伝統的な稲作農民も月の運行に従って田植えを行う伝統儀式を信仰し、ある農民は、適切な儀式に従わないとコメがニカメイチュウの被害を受けると述べた。この発言もアグロエコロジー的に理由がある。ニカメイチュウの成虫、ニカメイガは夜行性で満月時にのみ交尾し、産卵する特性を持つ。つまり、歳時記を守れば被害が避けられる。[5] これらは、自然生態系のバランスを保つことで被害を抑える試みといえるだろう。もちろん、伝統農法も万能ではなく、時には、一〇〜四〇パーセントも被害が出ることもある。しかし、意外なことにこの比率は農薬を用いた近代農業でもさして変わりはないのだ[4]。第三章第六節で登場したスリランカのウパリ・セナナヤケ氏は、病害虫防除の難しさを次のように指摘する。

「奇跡的な害虫防除法はありません。すべての害虫を排除できる『奇跡の品種』や『奇跡の化学資材』を売ろうとする西洋の科学者を信じてしまうほど農民たちは愚かではありません。産業社会が崩壊した後も、西洋の科学者たちが去った後も、害虫はいることでしょう。ただひとつのやり方は、わずかしか寄与しません。私たちは様々なやり方で害虫たちとともに暮らし、その被害を抑えなければならないのです。そのために必要な知識は、親から子どもへと伝承され、子どもたちが都会の学校で、西洋の科学的迷信を吹き込まれない時にのみ、これは可能なのです[6]」

生産性よりもリスク削減と持続性を重視

こうした発言は一見、伝統農業への回帰は、技術進歩をすべて否定するアナクロニズムのように思えてしまう。とかく、伝統農業は進歩や発展がない停滞したものと思われがちだ。だが、伝統農業は自然をストレートにただ模倣してきただけではない[1]。東南アジアで伝統農業の研究に長く携わってきた関西学院大学のジェラルド・マーテン元教授は、いかに伝統農業がイノベーション・スピリットに富んでいたかを指摘する。

「最僻地の自給志向の社会でさえ、常に発展している。農民たちは、たえず新たな作物や生産技術情報を他の農民たちから収集し、新たな可能性を求めていつも実験し、ニーズや状況変化に応じて慎重にその農業を改変してきた[3]」

そう、伝統的な農民たちは、改革精神に富み、絶えずその農法を改良してきた。その成果のひとつが品種改良だ。伝統農業は作物種の多様性が驚くほど多いが[1]、この多様性が自然や社会環境への柔軟な適応につながってきた。地形、土壌、天候パターンと地域ごとに作物品種やその栽培方法は変わり、農地レベルですら変動に適合できるよう工夫されてきた[3]。遺伝資源が画一的な近代農業は、病害虫や気候変動の影響を受けやすい。高収量品種で高収量が得られるのは理想的な生育条件下に限られるが[1]、現実は違う。旱魃、洪水、台風、病害虫の発生とありとあらゆるリスクに直面することを強いられる。このリスク削減に多様性が役立つ。病害虫に耐性のある在来種を選び、作付時期も旱魃や台風、害虫の発生時期を避けたとしてもある程度の被害は避けられない。だが、作物が遺伝的に多様であれば、たとえある品種が全滅したとしても、別の品種が生き残る。成熟時期が異なる作物を栽培しておけば、嵐や害虫の被害を同時に被ることもなくなる[1,3]。この多様性を確保するため、伝統的な農民たちは、種子を交換しあい、新たな作物品種を絶えず探し求めてきた。得られた新品種もそのまま使わず、まず試験区で栽培する実証実験を行い、価値あることが立証されたうえで初めて正式に採択するという作業を繰り返してきた。絶えることなく続けられてきた実験や育種。これが、現在も私たちが利用できる豊かな作物多様性を産み出してきたのだ[1]。

とはいえ、彼らのイノベーションやアントレプレナー精神の矛先は、近代農業のように生産性の向上に向けられたのではなかった。「生産性」と「安定性」を両天秤にかければ、前者を犠牲にしても、後者が優先された。その理由は、伝統農業に携わる農民たちが、どのような環境下で暮らしてきたかを想像してみればすぐにわかる。農民たちは金銭で市場から食料や外部投入資材や化石エネルギーを購入することなく、地域資源と太陽エネルギーだけを頼りに自給してきた。日々の糧となる食料は、自分たちの農場からもたらされる農産物である以上、不作や減収は即、死に直結した。なればこそ、目先の短期的な利益や生産性の向上を追い求め、将来的な生産の持続性を犠牲にするよりも、毎年確実に生産が継続されるほうがはるかに重要だった。数多くの伝統農業のほとんどすべては、この持続性と安定性を担保するようデザインされている。地理的に離れた世界各地の農法になぜ共通する特徴が見受けられるのかは、この観点から見れば、ほとんど解釈できる(1)。

コミュニティレベルでは自己組織化する公益

目先の利益よりも長期的な持続性を目指す伝統農法。個人の利益よりもコミュニティ内の平等やバランスを大切にする伝統的農村社会。コミュニティの存続や農法の継承で、伝統文化や宗教が、いかに重要な役割を果たしてきたかもインカやインドやスリランカと各地で見てきた。ならば、こうした文化やルールは、いかにして地域に定着したのだろうか。私益よりもコミュニティに重きをおく価値観は近代的な市場原理や競争原理とは相矛盾するが、伝統的な農民たちには近代人のような利己心がなかったのだろうか。それともインカのように強力な王権力が、人間が本来持つ利己心を中央集権的に抑え付け、あたかもチェ・ゲバラが言う「新しき人間」の如き特徴を備えた「古き人間」を人工的に創り出していたのだろうか。この疑問に対して、バリの伝統灌漑はひとつの興味深い示唆をもたらしてくれる。

第四章第三節では、バリの寺院が全体としての収益を安定させるためのコーディネート機能を果たしていることについて述べた。とはいえ、なぜ、寺院には適切な調整規模がわかっているのだろうか。何世紀も前に開明的な君主がいてルールを定めたのだろうか。技術者や僧侶が慎重に計画した結果なのだろうか。それとも、何世代もかけて農民たちが試行錯誤を繰り返してきた結果なのだろうか。疑問に思ったランシング博士らは次のようなプログラムを構築してみた。

それは、まず、ランダムな作付を行い、収量を増やすために成功した隣人を真似るというシステムだ。すると、コンピュータ上ではちょうど一〇年目で、実際に見られるのと同じバランスがとれたシステムが自然発生的に自己組織化して出現した。しかも、驚くべきことにパソコン上を走る人工寺院プログラムは、寺院がないモデルよりも、害虫の大発生や旱魃等の環境的な摂動にもはるかに耐え、持続性もあった[7,8]。

このモデルの持つ興味深い意味を考えてもらいたい。コンピュータ上の農民たち一人ひとりは、収量をあげようと利己的に競争しあって行動しているだけだ。ところが、ある回数の競争を繰り返すと、自

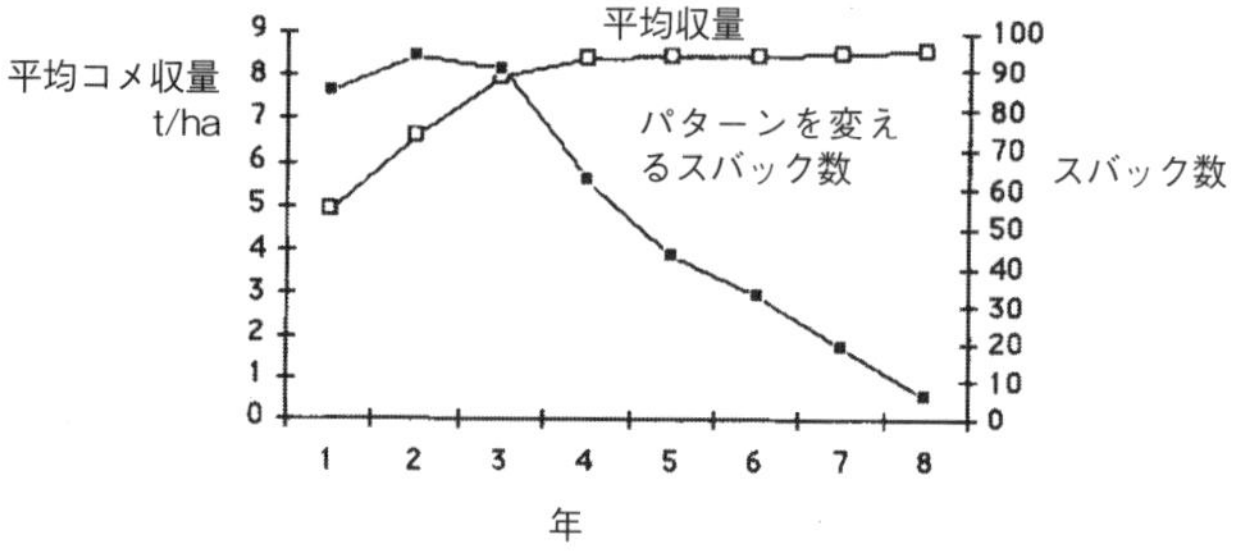

水の寺院が存在せず、両河川のエコロジー的条件も変化しないと想定する。各スバックは、伝統的な作付パターンで、長期成熟種、休閑、二作目の早熟種を栽培するものとする。スタート時点で172各スバックの作付時期をランダムにすると平均収量は4.9トン／ヘクタールとなる。次に各スバックは、隣接する4つのスバックと収量を比べ、もし、隣の収量が高ければ、そのスバックはその作付パターンを真似るものとする。翌年には、86のスバックが自分たちの隣のひとつが、収量が高いことに気づき、それを模倣する。平均収量は劇的にアップする。こうして、各スバックが最適収量に達するまでプログラムを繰り返すと、8年後には平均収量は8.57トン／ヘクタールに達し、20のスバックを除いて、隣の作付パターンを模倣しても収量はアップしない。20のスバックは、改善を続けるが、わずかしか収量は伸びず、ローカルな最適値に到達していることがわかる。

この状況を図示するとシミュレーションの最終結果（左）は現実の水の寺院のネットワークによってなされた調整作付パターン（右）と非常に類似している。すなわち、収量を最大にするための各スバックの競争は、シンクロされた協力的な作付パターンを自発的に産み出す。
次に、作物品種と作付日を変えずに、降雨量、害虫成長率、害虫拡散率、被害率のパラメーターを変えてみると、やはり、8～35年後に調整された作付パターン構造が出現し、それも実際の水の寺院ネットワークの調整パターンと類似することがわかる。

出典：文献 第IV章第三節（2）より作成

ずから「寺院ネットワーク」という秩序が自己組織化して出現する。そこには、開明的な国王も技術者も必要ない[7]。協力しあう農民集団というコミュニティを誕生させるためには、一切の利己心を捨て去ったチェ・ゲバラのような特殊な人間も、全体を統制するフィデル・カストロのようなカリスマ的指導者も要らない。この複雑系のシミュレーションは、濃密な相互作用がある限りにおいては、誰もが利己的にふるまっても、結果として全員がメリットを得る「女神」というある種の協力と秩序が一定範囲で産まれることを示している。何かデ・ジャブが感じられまいか。そう、バーナード・マンデヴィルの『蜂の寓話』やアダム・スミスの『神の見えざる手』だ。しかも、興味深いことに、このモデルでは、自分たちの隣だけではなく、その隣の範囲まで関心を払うようにプログラムすると最高収量がもたらされるが、はるか遠方のスバック、すなわち、グローバルな視野を持たせ行動するようプログラムすると、全システムがカオス状態となって崩壊した[8]。これは複雑系の自己組織化、すなわち、女神の恩恵がある規模のコミュニティにしか及ばないことを意味している。

実際、バリでは、農薬は削減されたものの、化学肥料は投入され続けている。バリの河川水は自然状態でも養分が多い[8]。ランシング博士はコンピュータ科学者、アラン・ピーターセンとともに、国連ほかの支援を受け、ＧＩＳを開発し、大量の化学肥料のサンゴ礁への影響をバリの一五カ村で研究しているが[9]、過剰な化学肥料が河川から海へと流れ込み、富栄養化によってサンゴ礁を破壊していることが判明した。流域レベルの害虫防除にあれほど威力を発揮した水の寺院システムも女神の恩恵も、流域を超えた下流の環境保全にまでは及ばないのだ(8)。

繰り返しのゲーム理論では自己組織化して協力が生まれるが、一回限りのゲーム理論では「囚人のジレンマ」が生じてしまうように、顔が見えるコミュニティレベルでは利己的な農民たちの行動が結果として公益に配慮した秩序を産み出すことができるが、顔が見えないグローバル経済では利己的な行動は公益を壊す。

ゲーム理論の結果を象徴するかのように、中国の稲田養魚がグローバル化の中で衰退の危機に瀕しているのと同じく、バリのスバックも崩壊に直面している。

「かつては、スバック組織によって、農民たちが直面するすべての問題は、解決されてきました。ですが、一五九九あるスバックのうち、今も活動しているのはわずか二〇パーセントだけです。多くの農民が、経済的な理由からやむを得ず土地を放り出しています。多くが、農業では暮らしていけないことがわかっています。毎年、バリでは、八〇〇ヘクタールの豊かな農地がホテルや別荘のために転用されているのです」

ウダヤナ大学農学部のワヤン・ウィンディア教授が嘆くように、バドゥン県とギアニャール県の肥沃な水田地域は、現在、都市化でビルに囲まれ、灌漑用水の給水も断ち切られる状態となっている(10)。

花粉が物語るアンデスの環境破壊と文明崩壊

伝統農業はコミュニティを超えたグローバル市場経済の競争力の前には全く無力だ。そして、バリのモデルは、タイムスパンというもうひとつの重要な限界を教えてくれる。害虫発生のように数十年という比較的短期間で反応が生じるモデルでは、フィードバック機能が働く。とはいえ、環境変動や土壌破壊のような数世代も後に影響が顕在化するシステムに対しては、伝統農法はうまく機能しない。

古代人たちが、自然と調和して生きてきたとのロマンチックな幻想はすでに打ち砕かれている。数多くの文明が、農業

農業のはじまりとテラス造成

地域		農業（年前）	テラス（年前）
東アジア	中国	8500〜11500	3000
	日本・韓国	3000〜5000	不明
東南アジア・オセアニア	インド・インドシナ	5000〜7000	2300〜3100
	フィリピン	3400〜5000	2000
	パプア・ニューギニア	11000	不明
	ポリネシア	1000〜3600	1100
南西アジア	中東	10000	3000〜5000
ヨーロッパ	地中海	8000	2500〜4000
	東欧	5000〜7000	不明
	西欧	5000〜7000	2000〜3500
アフリカ	北アフリカ	6500	3000
	サブサハラ	3000〜5000	500
ラテンアメリカ	中米	5000〜10000	2500
	南米	4000〜5000	2500
	北米	3000〜5000	1000

出典：文献（19）より作成

を通じて土壌や環境を破壊してきたことが研究から明らかとなってきている。[11] ジャレド・ダイアモンド教授の一連の著作であれ、デイビッド・モントゴメリー教授の『土の文明史』であれ、類書を紐解けば、人類の農業史がまさに失敗の連続であったことがわかる。これもタイム・スパンが関係している。本書は目を皿のようにして、ごく限られた成功事例を拾い上げているにすぎない。

さて、伝統農業がただ自然を模倣するだけでなく、品種改良に熱意を注いできたことは前述したが、もうひとつ伝統農業で注目に値するのがテラスによる土壌保全だ。一万年に及ぶ農業史の中でも、土壌資源の保全に成功した例は数少ない。モントゴメリー教授が『土の文明史』で数少ない成功事例のひとつとして取り上げているのもテラス農業だ。世界農業遺産の候補となったフィリピンのイフガオ族の棚田のように、伝統農業は世界各地でテラスを構築することで土壌を保全してきた。土壌保全についての知識も驚くほど豊かで、アンデスの人々は五〇以上の名前を付けて土壌を分類し、それをテラス農業とつなげてきたし、[12] ネパールの農民たちも、コウモリから水牛まで様々な家畜肥料を利用するため、それを養分に応じてランク付けしてきたが、その分類は、化学分析結果ともよく一致する。[2]

古代の農地の痕跡を辿ることは、作物以上に難しいが、アイオワ州立大学農学部のサンドル・ジョナサン教授は、前頁のように二〇〇〇〜三〇〇〇年前から各地でテラス造成が始まったと述べている。とはいえ、教授は「全体的に見れば、保護よりも土壌侵食が先だった。人々がまだ間に合ううちに、誤りを正すことができた時、土壌劣化に対応してテラスは発展したであろう」と主張する。[12] そう、どこもかしこも最初は失敗を犯しているのだ。

第二章第六節で描いたアンデスも例外ではない。パタカンチャ渓谷には、マルカコチャという直径四〇mほどの小さな湖がある。この湖泥のコアの花粉を分析すると四〇〇〇年以上にわたる環境変化がわかる[13]。コアの最下位層は放射性炭素の測定値では四〇〇〇〜一九〇〇年前のものだが、アレックス・チェップストウ・ラスティ博士らは、そこから撹乱された土壌に生える雑草、牧草や古代人たちの主食であったキノアの花粉を大量に見つけ出す[11]。四〇〇〇年も前から農業が営まれていた証拠だ[13]。が、湖には周囲の山から岩石や砂が繰り返し流れ込んでいた[11、14]。つまり、当時の農民たちは決して土壌保全に配慮していなかったし、一九〇〇年前に山地の氷河が拡大し、寒冷化が進むと土壌劣化もあいまって渓谷の農業は衰退し、その痕跡すら消え失せる[11、13]。

「ですが、土壌侵食は続きました」

とチェップストウ・ラスティ博士は言う[11]。キノア等の作物の花粉は見つかっても、樹木の花粉はごく稀にしか現れず、一三〇〇〜一〇〇〇年前のコアからも大量の無機沈殿物が見つかる。これは植生が乏しい脆弱な環境で放牧圧によって土壌侵食が引き起こされた結果だ。つまり、森林は破壊され続け、土壌侵食で、土地も生産力を失っていた。だが、その後に気温が徐々に高まり始めると、ティワナクとワリ（ウィラ）文化が発展し始める[13]。

ティワナクとは、チチカカ湖周辺のティワナク川とカタリ川流域を中心に人口五万人ほどの国家として六〇〇年ほど繁栄した文明だ。アンデスの気候は、五七〇〇年前から一五〇〇年前までは乾燥し、チチカカ湖の水位は現在よりも五〇ｍも低かった。水不足のために農業は困難で、人々は定住すらできなかった。とはいえ、その後に降雨量は増え、三五〇〜五〇〇年には水位は今より高くなり、八〇〇〜九〇〇年にもほぼ同じ水位が保たれる。一二〜三月の雨季には洪水に見舞われるようになり、六〇〇年頃からは、この洪水の利用が始まる。第二章第四節でふれた盛土農法を発展させたのだ。増え続ける人口を養うため、盛土農地は八〇〇〜九〇〇年には約一九〇㎢にまで広がる[15]。だが、一一〇〇年頃からは、「中世温暖化期」に伴う気候変動で、チチカカ湖領域では再び旱魃が深刻化し始める[13]。一三〇〇年にはピークとなり、湖の水位は一二〜一七ｍも低下した[15]。この旱魃が致命的な痛手となった。ティワナクを支えていたのは、盛土農地システムだった[13]。盛土農地の目覚ましい生産力に何世紀も支えられてきたティワナクは旱魃という環境変化に対応する文化も技術も欠いていた。経済はただひとつの農業技術だけに全面依存し、その農法には洪水が欠かせない。となれば、結果は一目瞭然であろう。水がないことは社会全体の崩壊に直結した[15]。盛土農地は大規模に放棄され、人々は土地を求めて北方へと移住していく。北方のクスコ地域では、まだ季節的な降雨があり、氷河の融水によって農業が可能だったからだ。地球の臍を意味する「クスコ」設立のインカの神話も、この歴史的事実が根拠となっているのかもしれない。伝説によれば、インカ初代皇帝は、都市を設立する場所を探し求めて、タパク・ヤウリと呼ばれる黄金の杖を手に携えてチチカカ湖から北へと旅立ったという。そして、この杖が大地に沈む時、それが新たな都が見つかった印なのだった。[13]

中世温暖化期が後押ししたインカの隆盛

一四七〇〜一五三二年にかけ、インカはまるで彗星のように急発展する。[14] 後に帝国を築き上げる人々は、その数世紀前からクスコ地域にいた数多くの部族の中の一部族だったことが陶器の形態から判明している。そして、帝国が後に採用することとなったのは、彼らの土地マネジメントだった。[13] だが、インカはなぜ急発展できたのだろうか。優れた社会組織や技術といった発展の理由があげられはしたが、決定打となる説明はされてこなかった。チェップストウ・ラスティ博士は、その謎を解く鍵は気候変動にあると指摘する。マルカコチャ湖のコアは、一一〇〇年頃から、湖周囲の景観が大きく変わり、突然農業が発展し始めたことを示す。節足動物、ササラダニも現れ出す。

「ダニは、ラマの糞を食べたのです」

博士は、ダニの存在は湖の近くでラマが放牧されていた証拠だと言う。[14] そして、土壌侵食が急減すると同時に、トウモロコシほかの作物の花粉や種子も現れる。

「この時が、まさに土壌保全技術を用い、組織的に農業を行う努力が始まった時なのです[11]」

以前のコアには含まれていないアリソの花粉も、突如として現れる。[11,13] アリソは侵食された土壌でも育つ窒素固定樹木だ。[11] もちろん花粉記録だけで、存在していたすべての樹木がわかるわけではない。多くの樹木は虫媒花で、沈殿物として湖に花粉が堆積する確率も低い。とはいえ、アリソは風媒花だから、その存在は確実だ。アリソの花粉の増加に比例するかのように、パタカンチャ渓谷の人口も急増し、湖の近くには、一〇〇〇～一四六〇年にかけての遺跡が多く残る[13]。それは、土壌侵食が少なくなり、多くの人々を養えたからだ、とアン・ケンドール博士は言う。

「テラスを構築するために、人々は文字どおり、谷底や川床に崩れ落ちていた土壌を丘陵地に戻すために運びあげたのかもしれません[11]」

要するに、インカは植林等の土壌保全に取り組み、劣化していた農地を復旧させた[11]。とはいえ、クシチャカ渓谷の発掘調査からは、インカ以前にも数多くの人々がこの地で暮らし、農業が営まれていたことがわかる。しかも、土壌侵食を防ぐため、初歩的なテラスや灌漑用水路の跡すら残されている[16]。ペルーで最初にテラスや灌漑施設が構築されたのは、六〇〇年頃のワリの時代とされるのだが[17,18]、インカ時代には格段に洗練されていく[18]。

なぜ、インカ時代になると技術が急発展したのか。チェップストウ・ラスティ博士は、これも温暖化が関係し、何千年も続いてきたそれまでの冷涼な気候下では、行えなかった高地での作物が栽培できるようになり、氷河の融水で灌漑用水が確保できるようになったからだと指摘する。

「高標高でのジャガイモ、下方地域でトウモロコシ。つまり、アンデスでは新たな領域で突然農業ができるようになったわけです。テラスが設けられ、融氷水での灌漑も始まりました。気温上昇なくしては、すべては不可能だったでしょう」

トウモロコシやジャガイモが増産されたことで、インカは広大な道路網を整備するゆとりができ、余剰食料は軍の整備も可能とした。一四〇〇年頃から、インカがエクアドルからチリまで領土を急速に拡大できたのはこのためだ。チェップストウ・ラスティ博士は、インカが二大ライバル、ワリとティワナクを制覇できたのも、温暖化と乾燥というファクターを抜きにしては考えられないとの結論を下す(14)。

このように古代アンデスの諸文明は気候変動という環境変化に翻弄され続けた。だが、同じことが、スリランカにもいえる。第三章第五節では村の灌漑システムが生き残り続けたと述べた。だが、巨大な貯水池はなぜ構築されなくなってしまったのだろうか。

一般には南インドからの相次ぐ侵入が原因とされているが、決定打となる説明はされず謎のままだった。英国王立科学アカデミーの元委員長であったデニス・フェルナンドは、その謎を解く鍵を、古代水文明を支えたマハヴェリ川の流路が一二二〇年頃に突然変化したことに求める。事実、古い川床の脇には、古代のチェーチャ（仏舎利塔）が連なっているが、現在の河川の脇にはチェーチャがない。河道が変化したことは、航空写真からも明らかだ。この地形上の変化が、用水確保の破綻と結果としての飢饉につながり、多くの人々が首都を捨て去ることになったのだ(19)。

過去から学ぶべき教訓

伝統農業はFAOだけでなく、国連砂漠化防止条約も旱魃の対応策として着目している。
「伝統知識は、エコロジー的、社会経済的、文化的な環境に配慮した実践的な知識から構成され、経験豊かな人々によって世代を超えて伝承されてきた。こうした知識は、多様性を支え、ローカルな資源を強化し再生していく」

京都大学客員教授でもあるマドゥマー・バンダラ・ペラデニヤ大学名誉教授も、スリランカの灌漑システムは、アンティークな遺物ではなく、災害マネジメントとして役立ち、多発する旱魃や洪水への解決策の新たな芽は、長い歳月をかけて検証されてきた伝統知識という古代の根から育てなければならないと主張する。だが、バンダラ名誉教授は同時に「伝統知識の活用とは過去の技術を直接用いることではなく、その背後にある論理や原則を理解することにあるのであって、過去を過剰に理想化することは危険だ」と指摘する。(20)

ジェラルド・マーテン元教授も、伝統社会を理想化しがちな風潮に対し、こう注意を呼びかけている。
「現代社会は伝統の智恵から恩恵を受けられるが、こうあってほしいと我々が望むようなものとして伝統社会を理解すべきではない。すべての伝統的な社会が環境と健全な関係を有しているわけではないし、過去において常にそうであったわけでもない。もし、伝統的な社会が環境と健全な関係にあるとすれば、自然との調和などというロマンチックな考えとは別のものであり、食物や住まいといった物質的な資源を与えてくれる地域空間に人々が依存しているという現実的なものである。現代社会と比べて伝統社会の多くが持続可能なのは、それを取り巻く生態系と何世紀にもわたって共進化してきたためだ[21]」

アン・ケンドール博士も同じように、伝統を尊重しながらも過去を過剰に理想化してはならないと釘をさす。

「二〇〇〇年前の人々に分別があったわけではありません。彼らには、ごく少ない選択肢しかなく、誤りも犯しました。私たちは、そこから進歩的に学ぶ必要があります[11]」

例えば、オリャンタイタンボの北東では、四〇〇〇年もずっと農業が営まれてきた。とはいえ、博士によれば、焼畑農業による乱開発が約一〇〇〇年にわたって続き、その地域を荒廃、砂漠化させてきたと言う。花粉研究は、土壌回復に何世紀もの歳月を要したことを明らかにしている。

「このことが示すのは、当時と今との類似性です。どうすれば最もよい発展ができるのか。そして、過去の誤りを繰り返すことをどうすれば避けることができるのか。考古学の研究は将来への貴重な教訓をもたらしてくれているのです[17]」

辺境と過去に農業の宝を探る冒険の旅は、ひとまずこれで終わりとしよう。当初の目論見とは裏腹に、ただ伝統に回帰すればすむという単純な話ではどうもなさそうだ。近代農業がすべて悪く、伝統農業ですべての問題が解決できるわけでもない。脱石油時代にふさわしいポスト近代農業の模索の旅はこれからも続く。となれば、最後のフレーズは映画『バック・トゥ・ザ・フューチャー』のラストシーンと同じく、これで締めくくらなければなるまい。

「TO BE CONTINUED...（つづく）」

あとがきにかえて・田んぼの虫五万世代との共進化

「このまま経済成長や技術発展をしていってもどうもろくなことがなさそうだ。であれば、いっそのこと伝統農業に根ざした農的自給社会に戻ってしまったらどうか」

本書の主張をかいつまんでいえば、こうなる。昔に戻ればいいことがあるのか。伝統農業でスムーズにすべて物事が解決するのか、と疑問に思われるかもしれないが、それは話が逆だ。伝統農業で解決できた事例だけを集めたのである。

また、プロローグでふれたように、この本に掲載した情報は、すべてインターネット上で得たものだ。現地に出向いての検証作業をしていない。故梅棹忠夫博士は「自分の足で歩いて、自分の目で見て自分の頭で考える、これが大事や」と主張され、『文明の生態史観』も足で発想したと述べている（『梅棹忠夫語る』［日経プレミアム二〇一〇］）。ところが、この本は、現地に足を運んでいないうえ、自分の主張に都合がいい情報だけ選り好みしているのだ。それでいて「文明は農業で動く」と題する本を書いてしまっている。いいのか、それで？　という批判を受けることを承知のうえで、あえて筆を執ることとしたのには、二つのわけがある。

ひとつは、近代農業があまりにも要素還元主義的になっていることだ。『医道の日本』という雑誌の座談会（二〇一〇年一〇月号）で鍼灸等の伝統医療や有機農業について千葉大学の広井良典教授と対談する機会があったが、その際、次の言葉が筆者の耳には強く残った。

「伝統に回帰するか、近代科学を推進するかは二者択一ではない。『複雑系』もそのひとつだ。今は科学そのものがホーリスティックな方向に向かっている」

広井教授は著作『コミュニティを問いなおす』（ちくま新書二〇〇九）で、細菌だけに病因を求める要素還元主義的な近代医学は、「感染症と戦争」への対応から誕生したもので、今後の医療は複雑系として「病」を捉え、コミュニティの中でケアをしていくことが欠かせないと主張されている。この分析は、まさに農業とも重なる。近代農業は、第一次大戦中の火薬と毒ガスをベースに開発された化学肥料と農薬から誕生した。養分不足には化学肥料、害虫対策には農薬と、これもまた要素還元主義的な対応で、それが緑の革命の失敗を招いた。例えば、インドネシアで緑の革命後の害虫問題に直面したＦＡＯのピーター・ケンモア博士は、こう語っている。

「水田に農薬を散布すると、なんと五〇〇〜一〇〇〇倍も害虫が増えたのです。最初になされた対応策は農薬をさらに散布することでしたが、それはさらに問題を悪化させました。一九六八年に、フィリピン政府は、ハーバード・ビジネス・スクールにアドバイスを求めますが、さらに資材を投下するという不完全な科学に基づく古典的なメソッドしか得られませんでした。そして、抵抗性品種を育成しましたが、それでも駄目でした」

では、なぜ農薬を撒くと害虫が増えるのか。博士は二種類の虫がいることに着目しなければならないと指摘する。

「コメを食べる虫と、コメを食べる虫を食べる虫がいます。ですが、農薬を散布すると、コメの中に潜んでいる害虫の卵を除き、両方とも殺してしまいます。そこで、害虫が孵化すると天敵がいないため、爆発的に増えるのです。もちろん、害虫発生は直ちには起こらず、四、五年はかかりますが、高収量米品種が一九六六年、六七年に導入されると、一九七〇年前後に最初に大発生し、その後ずっと南アジアと東南アジアでこの問題が続くこととなるのです」

では、緑の革命以前にはなぜ害虫は発生しなかったのだろうか。ケンモア博士はこう続ける。

「現在もそうですが、過去四〇〇〇〜五〇〇〇年、それ以外のどの植物よりもコメはホモサピエンスを養ってきました。歴史家ヒュー・トーマスは『もし過去一万年をひと言で語れば、それは稲作の時代だ』と述べています。過去一万年、多くの人々は、それ以外のどの仕事よりも稲作に取り組んだのです。つまり、昆虫と稲と人間は五〇〇〇年も『共進化』してきました。熱帯地方では一年に虫は一〇世代も誕生しますから、五万世代です。物凄い量の共進化です。ですから、ほとんどの熱帯諸国では一九六〇年代までは無農薬で栽培されてきたのです」[1]

とはいえ、ケンモア博士に批判された不完全な科学も、その後は発展し、「共進化」にも取り組んでいくこととなる。そのひとつが、一九八四年に設立されたサンタ・フェ研究所が中心となって発展した複雑系の科学だ。バリの灌漑で紹介したランシング博士は「その後、我々は『秩序の起源』でカウフマンが提起した疑問を追求した」と述べている。[2] カウフマンとは、サンタ・フェ研究所の看板研究者スチュアート・カウフマンのことで、スピルバーグ監督の映画『ジュラシック・パーク』に登場するジェフ・ゴールドブラム演じるカオス理論の科学者イアン・マルコム博士のモデルにもなった人物である。[3、4]

最先端の科学である複雑系が、伝統農業ともリンクする。これは筆者には意外な驚きだった。広井教授の指摘のように、医療が、伝統医学も統合した複雑系としてのケアへと進化していくとなれば、農業も伝統農業を統合した複雑系としてのアグロエコロジーに進化していかなければならないだろうし、その際、キーワードとなるのは、医療と同じくコミュニティであろう。

ちなみに、医療やケアでは「レジリアンス（回復力）」という概念が着目されているが、気候変動等グローバルな環境問題に対していかに社会がリスク対応するかでも「レジリアンス」が着目されている。スウェーデン王立科学アカデミー・ベイエ生態経済学国際研究所やストックホルム大学のストックホルム・レジリアンス・センターのカール・フォルケ教授が代表的な研究者のひとりだが、彼らが着目しているのも、リスク回避や回復力に富んだ伝統社会の生態系管理と社会規範の叡智なのだ。[5]

二つ目は、二〇一〇年九月八～一三日に生まれて初めて筆者は韓国を旅したが、その際、韓国の出版社から「伝統農業について本を執筆してほしい」との依頼を受けたことだ。

意外に思われるかもしれないが、韓国は有機農業先進国である。元農林水産省政策研究所の足立恭一郎博士やジャーナリストの青山浩子氏が詳細にリポートしているが、「環境農業育成法」が制定されたのは一九九七年一二月と日本より一〇年早く、認証農産物の国産シェア率も日本の〇・一九（二〇〇九年）に比べ一一・九パーセント（二〇〇九年）と格段に多い。この取り組みは国際的にも認められ、二〇一一年には国際有機農業運動連盟の大会が初めてアジアで開かれるが、その開催国として選ばれたのも韓国である。

この有機農業を推進したキーマンが、金成勲（キム・ソンフン）元大臣で、同元大臣の講演会が開催されるというので、NGO「帰農運動本部」を訪ねてみた。帰農運動本部とは、農村人口の減少への危機感と都市住民への農業の認知を図るため、一九九六年に設立された団体である。ソウル市内から電車で四〇分。京畿道軍浦市内の築三〇〇年の文化財にもなっている伝統家屋を改造した本部の周囲には日本と瓜二つの水田や里山が広がる。本部は、世界各地の有機農業や持続可能な農法の情報収集に熱心なだけでなく、国内に眠る伝統農法の収集や保全にも取り組んでいる。そのひとつがスリランカと同じ歳時記の重視だ。韓国の伝統農業は、日本と同じく、春分、夏至、秋分、冬至と月や星の運行によって一年を二四区分し、この「節気」に基づき作付を行ってきたが、それに基づく在来品種の栽培実験に取り組んでいる。伝統衣装に身を固めた鄭龍秀（ゾン・ヨンース）本部長の案内で、実験田を訪れると、折しも九月七日に襲来した台風九号の影響で周囲の慣行農法の稲はことごとく倒伏していたが、本部の無農薬・無化学肥料の伝統稲作田のみが青々と茂っていた。

収量は必ずしも高いとは言えず、反収は五〇〇キロにすぎない。このため、伝統農法では食料自給や食料安全保障が確保できないとの批判の声もあると言う。とはいえ、同本部の安喆煥（アン・チォルファン）氏は、収量よりもリスク削減にこそ伝統農法の本来の目的があると主張する。安氏は五年前から伝統農業の復興に取組み始め、現在、都市農業委員会委員長として、都市農業と伝統農業とをどう結び付けるかに尽力しているのだが、氏の見解は本書の中で述べた他国の伝統農業の見解とも重なる。そして、講演会場となった本部付属農場のハウスに元大臣とともに現れたのは、本部長と同じく伝統衣装に身を包んだ安完植（ワン・シクアン）博士だったが、同博士の活動が在来品種の保存につながったという。

「私は日本に留学し、あなたが学ばれた筑波大学で学位を取得した後、ノーマン・ボーローグ博士の研究室で働いていたのです」

キューバのみならず、有機農業では日本に一歩先んじている韓国においても、なおかつ、緑の革命の総本山で働いてきた研究者が、次のステップとして伝統農業に着目している。これも意外な発見だった。

こうして、インターネット上での情報収集を始めることとなったが、整理するにあたって、著者なりに工夫はした。ひとつは、欧米の先進事例については、日本語で多くの既存書物が出ているため、情報の棲み分けを図る意味で、これを一切省き開発途上国に絞った。例えば、農業発達史を見れば、イギリスのジェスロ・タルが一七〇八年に「種子ドリル」を発明し、それが農業発展に寄与したとの話は教科書を読めばたいがい出ている。とはいえ、紀元前四〇〇〇年のインドの「クリシ・パラシャーラ」にすでに、ディスク・プラウ、木製のスパイクハロー、種子ドリル等の農機具が解説されていることを指摘している本は少ないのではないだろうか。少なくとも私はインドのウェブサイトを見るまで知らなかった。(6)

二つ目は、開発途上国の事例であっても、すでに日本語で読める情報は極力省いた。例えば、伝統農法による地域再生事例として英文上でも必ずヒットするのは、サハラの「ザイ農法」だが、これは『アフリカ農業と地球環境――持続的な農業・農村開発はいかに可能か』家の光（二〇〇八）で紹介されている。ジャワのアグロフォレストリー「クブン・タルン」も有名だがすでに多くの書物や論文で紹介され、フィリピンのコルディエラ山地の棚田も大崎正治氏の著作『フィリピン・ボントク村』農文協（一九八七）がすでに出ている。アジアの紹介事例が量的に少なくなったのはそのためだ。

三つ目には、無化学肥料・無農薬でどうやって食料を確保するのか、という視点から、持続可能な農業の「伝統技術」に軸を据えた。ラテンアメリカやインド、スリランカについては数多くの現地リポートが出ているが、民俗学や文化人類学とは違う切り口で描いたことで、重なりが避けられたのではないかと思っている。

四つ目は、持続可能な農法であっても、伝統農業と無関係の取り組みは一切省いた。例えば、アジアの水田稲作ではＳＲＩが欠かせないし、農民参加型の育種や農民圃場の学校の動きも重要だが、これらは伝統農業とは直接関係ないために除いた。

また、日本の有機農業や伝統農業についても、一切ふれていないが、これにもわけがある。伝統農業についてネットで調べはじめ、筆者がまず遭遇したのは次のような記事だった。

「スリランカの伝統的な農民たちは、渡り鳥、インドヤイロチョウの鳴き声を耳にするまで田植えの準備を始めない。愚かな迷信とも思える。だが、今ではその理由が明らかになっている。インドヤイロチョウは、飛翔力があまりない。だから、九月に吹き始める北東モンスーンの風に乗ってインドから飛来する。このモンスーンが、稲作に欠かせない恵みの雨をスリランカの大地にもたらす。風が吹くまで移動できない渡り鳥。農民たちが鳥を待つことには意味があったのだ[7]」

風土と一体となった農法の奥深さを紹介する一九八三年のエコロジスト誌に掲載されたこの記事を読んだとき、三〇年近くも前のある秋の日に、研修先の農家で耳にした次のフレーズが記憶の底から蘇った。

「山の紅葉が本当にきれいですね」

「昔は、あの山に赤毛の馬を放していてね、その毛色が山と見分けがつかなくなったときに○○をしたものですよ」

その老人は「コブシの花が咲くときに○○を植えよ」といった地域に伝承されてきた農の歳時記を教えてくれたのだった。積算温度や降雨量が毎年微妙に変化することを考えれば、県の普及センターや試験場が作成した栽培暦よりも、この風土に溶け込んだ生物指標の方がはるかに正確なことは間違いない。

実は、この老人は、日本を代表する有機農家で筆者の師匠にもあたる金子美登氏の御尊父、故万蔵氏である。金子美登氏は「小利大安」、すなわち、「小さな利益で、大きな安心」というスローガンを提唱されているが、その指摘は、前述した安喆煥氏の発言とも重なり、本書で描いた伝統農業に共通するリスク削減の哲学とまさに同じである。

「有機農業」は、とかく無農薬・無化学肥料で堆肥を投入するだけの農法や高付加価値化のためのニッチ・ビジネスと捉えられがちだが、以前から有機農業に取り組んできた金子氏に代表されるパイオニア的農家の哲学は、本書の中で紹介してきたアグロエコロジーや伝統農業の思想と響き合う奥深さを持つ。金子氏の農法も三〇〇年に及ぶ星霜を経た伝統のうえに立脚しているからだ。すなわち、日本農法についても、すでに篤農家の良書があるわけで、それを読めばよい。

とはいえ、他国の例を知ることも無駄ではない。広く浅く世界各地の取り組みを概観しておくことは、自分たちの実践がどこに位置しているのかの羅針盤として役立つ。コラムで紹介した複雑系や、レジリアンスの目線で伝統農業が持つ意義を再確認することも、生産効率や経済性という狭い枠組みで農業を捉える罠に陥る危険性を避けられる。ところが、伝統農業に関心が深い韓国においても、国内事例はともかく、ラテンアメリカやインド、アジアを横断的に整理し、複雑系やレジリアンスの切り口で照射した書物はないという。それが、筆者に執筆を依頼してきた理由なのであった。

「日本語のメールで原稿を送ってくれれば翻訳するから」と言われたが、いきなり筆を執ることは、やはり気が引けた。あたりまえのことだが、著作は著者ひとりで書けるものではなく、編集者からの日本語でのきめ細かいアドバイスや批判を受け、章構成やストーリ展開、取り上げるべき内容や情報の取捨選択を練り直し、勘違いや錯誤を指摘され、何度も校正や推敲を経たうえで初めて読者が読むに足るだけの質に仕上がる。他人はいざしらず、少なくとも筆者はそうだ。

そこで、本書にも登場するデイビッド・モントゴメリー教授の『土の文明史』を翻訳出版し、キューバ関係の著作の出版で世話になっている築地書館の土井二郎氏に、いくらか書きためた原稿とともに、この企画を持ちかけたところ、「伝統農業は、土の文明史のテーマとも重なる。面白い、まさに文明は農法で動くわけですね。日韓同時出版でいきましょう」と快諾をいただいた。まだ韓国ほど伝統農業に関心が持たれていない中、筆者の無理な注文におつきあいいただいた土井氏にこの場を借りてお礼を申し上げたい。

(13) 前掲Ⅱ章第六節文献 (2)
(14) 前掲Ⅱ章第六節文献 (7)
(15) ブライアン・フェイガン『古代文明と気候大変動』(2008) 河出文庫 P365〜376
(16) 前掲Ⅱ章第六節文献 (11)
(18) 前掲Ⅱ章第六節文献 (13)
(17) 前掲Ⅱ章第六節文献 (9)
(19) 前掲Ⅲ章第五節文献 (12)
(20) 前掲Ⅲ章第五節文献 (14)
(21) 前掲プロローグ文献 (15) P152〜153

あとがきにかえて・田んぼの虫五万世代との共進化

(1) Interview with Peter Kenmore, The Habitable planet, contact Annenberg Media staff December 31, 2009.
(2) J. Stephen Lansing, Complex Adaptive Systems, Review in Advance on June 4, 2003.
(3) カウフマン『生命と宇宙を語る』(2002) 日本経済新聞社
(4) M・ミッチェル・ワールドロップ『複雑系』(1996) 新潮社
(5) Fikret Berkes, Johan Colding, and Carl Folke. Rediscovery of Traditional Ecological knowledge as Adaptive Management, Ecological Applications, October 2000
(6) SUN STAFF, Agriculture in Ancient India, HareKrsna.com. http://www.harekrsna.com/sun/features/12-09/features1574.htm
(7) Ranil Senanayake,The Ecological, Energetic, and Agronomic Systems of Ancient and Modern Sri Lanka, Ecologist, Vol 13 No 4-1983.

コラム4
(1) アルバート＝ラズロ・バラバシ『新ネットワーク思考』(2002) NHK出版
(2) マーク・ブキャナン『複雑な世界、単純な法則』(2005) 草思社
(3) M・ミッチェル・ワールドロップ『複雑系—生命現象から政治、経済までを統合する知の革命』(1996) 新潮社
(4) Brian Walker, David Salt, Resilience Thinking: Sustaining Ecosystems and People in a Changing World, Island Press, 2006.
(5) Fikret Berkes, Johan Colding, and Carl Folke, Rediscovery of Traditional Ecological knowledge as Adaptive Management, Ecological Applications, 10 (5), 2000, pp. 1251-1262 October 2000

エピローグ　行く川の流れは絶えずして
(1) 前掲プロローグ文献 (16)
(2) IAASTD Report: Agriculture at a crossroads, 5.3Existing and Emerging Technologies in the ESAP region, 2009.
(3) Gerald G. Marten, Small-Scale Agriculture in Southeast Asia, M.A. Altieri and S. Hecht, Agroecology and Small Farm Development, CRC Press. 1990, p. 177-194.
(4) 前掲Ⅱ章第一節文献 (8)
(5) Joseph A. Weinstock, Social Organization and Traditional Agroecosystems, Traditional Agriculture in Southeast Asia: A Human Ecology Perspective, Author: Gerald G. Marten, Westview Press, 1986.
(6) 前掲Ⅲ章第五節文献 (20)
(7) 前掲Ⅲ章第三節文献 (11)
(8) 前掲Ⅳ章第三節文献 (8)
(9) 前掲Ⅳ章第三節文献 (6)
(10) Bali needs to revitalize agricultural sector, Bali Travel News, May 30th, 2009.
(11) 前掲Ⅱ章第六節文献 (8)
(12) Sandor Jonathan, Steps toward soil care: ancient agricultural terraces and soils, Scientific Registration
http://natres.psu.ac.th/Link/SoilCongress/bdd/symp45/90-t.pdf

第三節　バリの女神様

(1) Julie Melowsky, Balinese Cosmology and its Role in Agricultural Practices, The Trustees of Hamilton College, 2009.

(2) J. Stephen Lansing, Murray P. Cox, Sean S. Downey, Marco A. Jannsen and John W. Schoenfelder, A robust budding model of Balinese water temple networks World Archaeology Vol. 41(1): 110-131 The Archaeology of Water, 2009 Taylor & Francis ISSN.

(3) I. G. Suarja and Rik Thijssen, Traditional water management in Bali, Leisa Magazine, Sep 2003.

(4) Rachel P. Lorenzen, and Stephan Lorenzen, A case study of Balinese irrigation management: institutional dynamics and challenges, 2nd Southeast Asia Water Forum, 29 August-3 September, 2005.

(5) Jonathan Sepe. The Impact of the Green Revolution and Capitalized Farming on the Balinese Water Temple System, 2000. http://eclectic.ss.uci.edu/~drwhite/Anthro129/balinesewatertemples JonathanSepe.htm

(6) Interact with a web enabled version of the scientist's Computer Model of Balinese Agriculture, TV series "The Sacred Balance" 1999.

(7) Stephen Lansing, Balinese Water Temples, withstand tests of Time & Tecnology, National Science Foundation, 11-Nov-2002.

(8) Stewart Brand, Hidden order in the Balinese "religion of water", Seminars About Long-term Thinking, Feb 13, 2006.

(9) J. Stephen Lansing, John H. Millery. Cooperation, Games, and Ecological Feedback: Some Insights from Bali, January 13, 2004.

(10) Bali's Water Temples Rescued by Computers, Two University of California Professors Prove Scientific Validity of Ancient Agricultural System, Himalayan Academy, Magazine Archives, May 1989.

(11) J. Stephen Lansing and James N. Kremer, "Emergent Properties of Balinese Water Temple Networks: Coadaptation on a Rugged Fitness Landscape," American Anthropologist, New Series, Vol. 95, No. 1, March 1993, 97-114.

(7) 佐藤洋一郎「ユーラシア農耕史試論」『ユーラシア農耕史 1』(2008) 臨川書店
(8) 佐々木高明・佐藤洋一郎「ユーラシアの風土と農業」『ユーラシア農耕史 1』(2008) 臨川書店
(9) 細谷葵「焼畑の生業サイクルと混栽類の貯蔵システム」『ユーラシア農耕史 4』(2009) 臨川書店
(10) 梅崎昌裕 (2007)「パプアニューギニア高地農耕の持続性をささえるもの：タリ盆地における選択的植樹と除草」河合香 編著『生きる場の人類学』京都大学出版会

第二節　コメと魚を同時に育てる稲田養魚

(1) Rice fish farming, an age-old agriculture heritage,China Daily, June 10, 2005.
(2) 王攀「発展と保護が叫ばれる竜現村の稲田養魚」人民中国インタ—ネット版 2006 年 2 月
(3) Cai Renkui, Ni Dashu, and Wang Jianguo, Rice-Fish Culture in China: The Past, Present, and Future, Rice-Fish Culture in China, Edited by Kenneth T. MacKay, IDRC 1995.
(4) Li Kang min, A Review of Rice-Fish Culture in China, September 1986.
(5) Wang Hongxi, Introduction, Rice-Fish Culture in China, Edited by Kenneth T. MacKay, IDRC 1995.
(6) Rice-Fish Agriculture, China, GIAHS, FAO のサイトより
(7) Pan Shugen, Huang Zhechun, and Zheng Jicheng, 27. Ecological Mechanisms for Increasing Rice and Fish Production, Rice-Fish Culture in China, Edited by Kenneth T. MacKay, IDRC 1995.
(8) Wu Langhu, Methods of Rice-Fish Culture and their Ecological Efficiency, Rice-Fish Culture in China, Edited by Kenneth T. MacKay, IDRC 1995.
(9) Pan Yinhe, Ecological Effects of Rice-Fish Culture, Rice-Fish Culture in China, Edited by Kenneth T. MacKay, IDRC 1995.

(3) 前掲第五節文献（3）
(4) 前掲第五節文献（16）
(5) 前掲第六節文献（9）
(6) G. K. Upawansa, Sustaining biodiversity in wetland paddy, ILEIA Newsletter, December 1999 p. 51.
(7) 前掲第五節文献（4）
(8) Indigenous knowledge in rice cultivation, Nature Farming, Endogenous Development Magazine No. 1, COMPAS, 2007.

コラム3

(1) Kevin Shear McCann, The diversity-stability debate, Macmillan Magazines, 2000.
(2) アルバート＝ラズロ・バラバシ『新ネットワーク思考』（2002）NHK出版
(3) マーク・ブキャナン『複雑な世界、単純な法則』（2005）草思社
(4) Ricard V. Solé and José M. Montoya, Complexity and Fragility in Ecological Networks, Royal Society, 2001.

Ⅳ章　太古からのイノベーター——今蘇る古代の叡知

第一節　ニューギニア高地の盛土農法

(1) ジャレド・ダイアモンド『文明崩壊』（2005）草思社　下巻 P16〜24
(2) ピーター・ベルウィッド『農耕起源の人類史』（2008）京都大学学術出版会 P218
(3) R. Michael Bourke and Akkinapally Ramakrishna, Sweetpotato in highlands agricultural systems of Papua New Guinea, The Australian Centre for International Agricultural Research, 2009.
(4) Gerald G. Marten, Traditional Agriculture in Southeast Asia: A Human Ecology Perspective, Gerald G. Marten and Patma Vityakon, Soil Management in Traditional Agriculture, Westview Press, 1986.
(5) 前掲Ⅱ章第一節文献（8）
(6) Issac T. Taraken and Rainer Ratsch, Sweetpotato cultivation on composted mounds in the highlands of Papua New Guinea, The Australian Centre for International Agricultural　Research, 2009.

January 13, 2010.
(14) C. M. Madduma Bandara, Village Tank Cascade Systems of Sri Lanka, A Traditional Technology of Water and Drought Management, Third Annual Workshop on Disaster Reduction Hyperbase, Tokyo, Japan, 8-9 January 2009.
(15) Ancient, Sinhalese Civilization のウェブサイトより
http://easyweb.easynet.co.uk/~sydney/sinhales.htm
(16) G. K. Upawansa, Sowing rice at the proper time, Why farmers in Sri Lanka follow the lunar calendar, COMPAS Magazine October 2005.
(17) 宇沢弘文「地球温暖化と現代社会」早稲田大学オープン教育センター 2002年度寄付講座
(18) 香川用水土器川沿岸農業水利事業所「コラム―空海と満濃池」
(19) Wewe Irrigation System (Sri Lanka) GIAHS, FAO のサイトより
(20) Edward Goldsmith, Traditional Agriculture in Sri Lanka, interviews Mudyanse Tennekoon, Goviya: Traditional Sri Lankan agriculture, 1991.
(21) C. R. Panabokke, Small tank heritage of Rajarata, Island, 2002.

第六節　自然と調和した農的平等社会

(1) 前掲第五節文献 (11)
(2) 前掲第五節文献 (20)
(3) 前掲第五節文献 (14)
(4) 前掲第五節文献 (19)
(5) 前掲第五節文献 (5)
(6) J. M. R. Sarath Bandara, Nature Farming: Integration of traditional knowledge systems with modern farming in rice, Kandy, ECO/COMPAS network Sri Lanka, 2007.
(7) 前掲第五節文献 (1)

第七節　灌漑農業の限界を突破する古代稲作

(1) 前掲第五節文献 (2)
(2) Interview-with Mr. G.K. Upawansa, Endogenous Development Magazine, No.1, COMPAS, 2007.

(5) 前掲Ⅰ章第二節文献（6）
(6) Sun Staff, Agriculture in Ancient India, HareKrsna. com.
(7) 前掲第三節文献（3）

第五節　スリランカの古代灌漑

(1) The fall of Subsistence agriculture in Sri Lanka and proposals for alternate methods, MIHIMAW のウェブサイトより
(2) Don de Silva, Grassroots-Chemical-Free Farming, Banson, chemicals. Our Planet 8. 6, March, 1997.
(3) G. K. Upawansa, New Kekulam rice cultivation: a practical and scientific ecological approach, ILEIA Newsletter Vol. 13 No. 3 p. 20, October 1997.
(4) J. M. R. S. Bandara, Agriculture development towards nutritional security, Sunday Observer, Oct 11, 2009.
(5) Manik Sandrasagra, Life in the Village: On the Origins of Lanka, Serendib magazine Vol. 10 No. 1 Jan-Feb 1991.
(6) Sarath Fernando, Struggle for democracy and survival in the age of globalization in Sri Lanka, Rice and Food Sovereignty in Asia Pacific, La Via Campesina, 2006.
(7) 中村尚司『増補・地域と共同体』（1988）春秋社 P184
(8) 中村尚司『スリランカ水利研究序説』（1988）論創社
(9) Thonglor Kwamtong and Pongtip Samranjit, Thai rice exporting farmers, standing on the straw of illusion, Rice and Food Sovereignty in Asia Pacific, La Via Campesina, 2006.
(10) Mr Ghaz, A Scheme That Holds Water: An Irrigation System That Goes Back to Ancient Times, Socyberty, March 4, 2010.
(11) Edward Goldsmith and Nicholas Hildyard, Traditional irrigation in the dry zone of Sri Lanka, The Social and Environmental Effects of Large Dams, 1984.
(12) A. Denis N. Fernando, The ancient hydraulic civilization of Sri Lanka, Summary of guest lecture addressed at the Diplomatic Training Institute BMICH on Oct 18, 2002.
(13) Nilanke Mario,Hydraulic Civilisation in Sri Lanka, The Clothesline,

and Trees, All Empires, March 31 2007.
(3) 前掲第一節文献 (3)
(4) 前掲第一節文献 (5)
(5) 前掲第一節文献 (2)
(6) K. Vijayalakshmi, First Encounters with Vrkshayurveda, Centre for Indian Knowledge Systems インド知識体系センターのサイトより
(7) A. V. Balasubramanian, K. Vijayalakshmi and S. Sridhar, Vrksayurveda: a tradition for today, Compas Magazine No. 3, July 2000.
(8) 前掲第一節文献 (6)

第三節　砂漠を沃野に蘇らせる古代ダム

(1) Patrick McCully, Water-Harvesting in India Transforms Lives, World Rivers Review, Dec 2002.
(2) Rajendra Singh, Indigenous systems of water management and their modern applications, Organiser, Aug 16, 2009.
(3) Aman Namra, A river is reborn, The Hindu Business Line, June 05, 2000.
(4) The water man of Rajasthan, Frontline, Volume 18-Issue 17, Aug. 18-31, 2001.
(5) Real potential is with communities, Civil Society Information Exchange Pvt. March 2002.
(6) David Suzuki and Holly Dressel, More Good News, Greystone Book, 2010, Canada, Douglas & Mcintyre Ltd; Revised P229

第四節　生物多様性を保全する伝統農業

(1) 前掲第三節文献 (5)
(2) 前掲第三節文献 (2)
(3) Deep Narayan Pandey, Traditional Knowledge Systems for Biodiversity Conservation, Mandala of Indic Traditions, Jun 19, 2000.
(4) Deep N. Panday. Communities, Knowledge and Biodiversity: Theoretical Orientation of Ethnoforestry, Mandala of Indic Traditions.
http://www.infinityfoundation.com/mandala/t_es/t_es_pande_biodiv.htm

November 20, 2008.
(5) Ranil Senanayake,The Ecological, Energetic, and Agronomic Systems of Ancient and Modern Sri Lanka, Ecologist, Vol 13 No 4 – 1983.
(6) ジェラルド・マーテン『ヒューマン・エコロジー入門』(2005) 有斐閣 P112-113

Ⅲ章　曼荼羅というコスモロジー――インド・スリランカ

第一節　伝統品種の復活で村を再生

(1) Vandana Shiva, Seeds of Suicide to Seeds of Hope: Why Are Indian Farmers Committing Suicide and How Can We Stop This Tragedy?, Huffington post, April 28, 2009.
(2) Centre for Indian Knowledge Systems, Organic Farming and Indigenous Seed Conservation, Experiences from Tamil Nadu, India. http://www.ciks.org/seeds% 20of% 20plenty% 20-% 20ciks.pdf
(3) A. V. Balasubramanian, and Coen Reijntjes, Endogenous Development in India, Revisiting Swadeshi, "Balasubramanian, A. V., Building on Traditional Knowledge and Wisdom for Sustainable Agriculture: CIKS Experience", Centre for Indian Knowledge Systems, December 2007.
(4) A. V. Balasubramanian, Traditional Indian Agriculture and Natural Resourced Management: Current Relevance and Future Potential bulletin-article on traditional indian agriculture, August 2003.
(5) Fehmida Zakeer, Indian farmers learn from old ways, People & the Planet, Mar 23, 2007.
(6) Abarna R, Revisiting Traditional Knowledge Systems: Livestock an Integral Part of Agriculture, Pro-Poor Livestock Policy Programme, November 2009.

第二節　古代インドの植物科学

(1) A. V. Balasubramanian, K. Vijayalakshmi, Subhashini Sridhar and S. Arumugasamy, Vrkshayurveda experiments, Linking ancient texts and farmers'practices, Compas Magazine No. 4, March 2001.
(2) Sreenivasarao Subbanna, Medicinal System for the Benefit of Plants

(6) Terra Preta-Amazonian Dark Earths (Brazil), GIAHS, FAO のサイトより

第六節　帝国の作法

(1) The Potential of Traditional Andean Technology-Using the Past to Serve the Present, Cusichaca Trust Website.

(2) Alex Chepstow-Lusty and Per Jonsson, Inca Agroforestry: Lessons from the Past, AMBIO: A Journal of the Human Environment, pp. 322-328, March 15, 2000.

(3) Andean Farming Communities, Cusichaca Trust Website.

(4) Peruvian farmers learn from history, BBC World Service's Discovery programme, 22 May, 2003.

(5) 前掲第一節文献 (8)

(6) 高橋英一『肥料になった鉱物の物語』(2004) 研成社

(7) Andy Coghlan, Hotter weather fed growth of Incan empire, 出典？ July 2009.

(8) Kevin Krajick, Ancestors of Science:Green Farming by the Incas?, Science Magazine, July 17 1998.

(9) Sally Bowen, Bringing the Inca Canals back to life, People & the Planet, Apr 18, 2001.

(10) Cusichaca Rural Development Projects, Cusichaca Trust Website.

(11) Beginnings at Cusichaca, Cusichaca Trust Website.

(12) From Archaeology to 'Integrated Rural Development': The Patacancha Project 1987-1997, Cusichaca Trust Website.

(13) Agricultural Terraces and Irrigation Canals, Cusichaca Trust Website.

コラム２

(1) 松永和紀『メディア・バイアス』(2007) 光文社新書 P52

(2) 松永和紀『食の安全と環境―「気分のエコ」にはだまされない』(2010) 日本評論社、P49－52

(3) Keith Lockitch, Rachel Carson's Genocide, Capitalism Magazine, May 23, 2007.

(4) Robert Matthews,Rachel Carson-deadlier than Stalin?, First Post,

Quesungual Slash and Mulch Agroforestry, 18th World Congress of Soil Science July 9-15, 2006.
(6) 前掲コラム１文献（2）
(7) Reijntjes, C., B. Haverkort, and A. Waters-Bayer. Farming for the future: An introduction to low-external input and sustainable agriculture, 3.2 Indigenous farming systems, practices and knowledge: some examples, London: Macmillan, 1992.
(8) Gerald G. Marten, Traditional Agriculture in Southeast Asia: A Human Ecology Perspective, Gerald G. Marten and Patma Vityakon, Soil Management in Traditional Agriculture, Westview Press, 1986.
(9) 嵪狼星「アフリカの里山」宮内泰介編『半栽培の環境社会学』(2009) 昭和堂 P97

第四節　洪水を乗り切る伝統農法

(1) Bolivia: Reviving ancient indigenous knowledge, Oxfam International, May 22, 2009.
(2) James Painter, Bolivians look to ancient farming, BBC News, Aug 18, 2009.
(3) Reviving an ancient irrigation system in Bolivia, New Agriculturist, November 2009.

第五節　アマゾンの密林に眠る古代農法

(1) Herbert Girardet, Darrell Posey. Anthropologist who championed the rights of Amazonian tribes, Guardian, March 30, 2001.
(2) Michael Warren, Indigenous Knowledge, Biodiversity Conservation and Development, International Conference on Conservation of Biodiversity in Africa, Local Initiatives and Institutional Roles, Sep 12, 1992.
(3) Charles C. Mann, Our Good Earth, The future rests on the soil beneath our feet, National Geographic magazine, Sep 2008.
(4) The Secret of El Dorado-programme summary, BBC, 2002.
(5) Terra Preta, Amazonian Earth Terra Preta, Meta Magazine, Apr 5, 2009.

Westview Press, 1986.
(10) International Ag-Sieve, Elevating Agriculture to Old Heights, Rodale Institute, Ancient Farming, Volume V, Number 3, 1993.
(11) Cajete Terracing Systems in Tlaxcala, Mexico, agroecology. org のサイトより
(12) 前掲 I 章第二節文献（6）

第二節　巨大都市を養う水上菜園

(1) 柴崎みゆき『古代マヤ、アステカ不可思議大全』(2010) 草思社
(2) ジャレド・ダイアモンド『銃・病原菌・鉄』(2000) 草思社　上巻 P115
(3) H. Losada, J Rivera, J. Vieyra and J. Cortés, The Role of Urban Agriculture in Waste Management in Mexico City, Urban Agriculture magazine, number 23・April 2010.
(4) Virginia Popper, Investigating Chinampa Farming, Cotsen Institute of Archaeology, Fall/Winter 2000.
(5) Jorge Diaz Tejada, City Planning through symbiosis, 2005 WSEAS, November 2-4, 2005.
(6) Chinampas of Tenochtitlan,History of Urban Agriculture
(7) Chinampa Agricultural System (Mexico), GIAHS, FAO のサイトより
(8) ジャレド・ダイアモンド『文明崩壊』(2005) 草思社　上巻 P259
(9) 前掲第一節文献（8）
(10) 前掲第一節文献（10）
(11) 前掲 I 章第二節文献（6）

第三節　森の中で作物を育てる

(1) Eric Holt-Gimenez, Hurricane Mitch Reveals Benefits of Sustainable Farming Techniques, The Cultivar, Winter/Spring 2000.
(2) Tom Gibb, Saving Honduras after Mitch, BBC News, Mar 9, 1999.
(3) Indigenous Agroforestry: A bright spot in land management, INSAM, International Society for Agricultural Meteorology Aug 12, 2006.
(4) Ancient lesson in agroforestry-slash but don't burn, New Agriculturist Nov, 2009.
(5) Luis Alvarez Welchez, et. al, Unravelling the Mysteries of the

Ecosystems and Environment, 2004.
(3) Ochieng' Ogodo,"Fertilizer Tree" May Revive African Farmlands, National Geographic News, Sep3, 2009.
(4) Jeremy Hance, Unique acacia tree could play vital role in turning around Africa's food crisis, mongabay. com, Aug24, 2009.
(5) Communications Unit, Unique Acacia Tree Could Nourish Soils and Life in Africa, Press Release: Aug24, 2009.
(6) Ochieng' Ogodo, Acacia tree can boost crops — and more — across Africa, Agriculture & Environment, Aug27, 2009.

Ⅱ章　未来への遺跡――マヤ、アステカ、アマゾン、インカ

第一節　古代農法の復活で村を再生――ミルパ・ソラール

(1) Paula Alvarado, 2008 Goldman Prize Winner Jesus Leon Santos on Bringing Desert Lands Back to Life, Tree Hugger May 26. 2008.
(2) Jesús Ibarra, Ancient Farming Techniques to Save the Campo, Organic Consumers Association, Aug 14, 2009.
(3) Milpa-Solar Systems (Mexico), GIAHS, FAO のサイトより
(4) Russell Schoch, A Conversation with Miguel Altieri, A messenger from the South brings word to the North: There's a better way to feed the world, California Alumni, 2001.
(5) Eric Holt-Gimenez, Campesino A Campesino: Voices from Latin America's Farmer to Farmer Movement for Sustainable Agriculture, Oakland, CA, Food First Books, 2006.
(6) Alexis Baden-Mayer & Ronnie Cummins, Thank Indigenous People for the Food We Eat, The Milpa Agroecosystem and Its 20,000 Varieties of Corn, Organic Consumers Association, November 26, 2009
(7) "Milpa" Agroecosystems in Yucatan, Mexico, Agroecology. org のサイトより Nov 26, 2009.
(8) Thurston, H. David, Plant disease management practices of traditional farmers, Plant Disease 74: 96-102, 1990.
(9) Gerald G. Marten, Traditional Agriculture in Southeast Asia: Peter Brosius, George W Lovelace, and Gerald G. Marten, Ethnoecology: An Approach to Understanding Traditional Agricultural Knowledge,

第三節　アグロエコロジーと伝統農業を評価する国際アセスメント

(1) Miguel A. Altieri and Parviz Koohafkan, Enduring Farms: Climate Change, Smallholders and Traditional Farming Communities, Third World Network, 2008.

(2) Lim Li Ching, Agriculture: Overhaul of Agriculture Systems Needed, Third World Network's South-North Development Monitor, Apr 17, 2008.

(3) Agriculture and Development A summary of the International Assessment on Agricultural Science and Technology for Development, IAASTD, 2008.

(4) Stephen Leahy, Towards a New and Improved Green Revolution, Inter Press Service, Apr 6, 2008.

(5) Stephen Leahy, Will today's markets be able to cope with future food demands? Inter Press Service, Apr 15, 2008.

(6) Ariam Mayet, Africa's Green Revolution rolls out the Gene Revolution, Third World Resurgence, Issue No. 223, Mar. 2009.

(7) Eric Holt-Giménez, From Food Crisis to Food Sovereignty The Challenge of Social Movements, July-August 2009, Volume 61, Number 3, 2009.

(8) Sri Lanka Declaration: Asian Agroecology Encounter, La Via Campesina, Jun 2, 2010.

(9) Right to Food: "Agroecology outperforms large-scale industrial farming for global food security," says UN expert, Jun 24, 2010.

(10) Agroecological farming methods being ignored, says UN expert, Ecologist, Jun 28, 2010.

(11) Produce More Food, Naturally: David Cronin interviews Olivier de Schutter, UN special rapporteur on the right to food, Inter Press Service, Jun 25, 2010.

コラム１

(1) 葛西奈津子『植物が地球を変えた』(2007) 化学同人 P80-84

(2) T.E. Crews, M.B. Peoples. Legume versus fertilizer sources of nitrogen: Ecological tradeoffs and human needs, Agriculture,

(3) Human World Radio Shows, Interviews with Scientists, about the Human World, Byrd and Block Communications Inc, September 2005.
(4) Nicholas Parrott & Terry Marsden, The Real Green Revolution, Organic and agroecological farming in the South, Greenpeace Environmental Trust February 2002.
(5) Russell Schoch, A Conversation with Miguel Altieri, A messenger from the South brings word to the North: There's a better way to feed the world, California Alumni, 2001.
(6) Miguel A. Altieri, The Latin American Scientific Society of Agroecology (SOCLA): a network of researchers, professors, extentionists and other professionals to promote agroecological alternatives to confront the crisis of industrial agriculture in the region
(7) The Latin American Scientific Society of Agroecology (Sociedad Cientifica LatinoAmericana de Agroecologia-SOCLA) launched

第二節　世界農業遺産

(1) Sabina Zaccaro, Saving Life on the Edges of the World, Inter Press Service, Oct 26, 2006.
(2) Parviz Koohafkan, Background Papers Conservation and Adaptive Management of GIAHS, The GIAHS Initiative: from concept to implementation Proceedings of the international forum on GIAHS, A Heritage for the Future, Rome, 24-26 October 2006.
(3) Jeffrey Donovan, World: Experts Fight To Save Ancient Agricultural Systems, Radio Free Europe, Oct 25, 2006.
(4) India joins GIAHS to uphold traditional agri forms, Commodity Online, June 07, 2010.
(5) Jorge Chavez-Tafur, "The glass is half full" Interview Parviz Koohafkan, Farming Matters, Dec. 2009.
(6) Miguel A Altieri and Parviz Koohafkan, Enduring Farms: Climate Change, Smallholders and Traditional Farming Communities, Third World Network, 2008.

参考文献

プロローグ　辺境農業探索へのいざない

(1)『経済成長なき社会発展は可能か？――〈脱成長〉と〈ポスト開発〉の経済学』(中野佳裕訳・作品社 2010)
経済成長の必要性が叫ばれ、「平成の開国」としてTPPが締結が推進されている日本の常識からすれば、『工業社会も自由貿易も崩壊する、されば優雅に没落せよ』というのは尋常な世界観ではない。あまりに過激な発言にこの論文は12回も掲載を却下されたという (2)。

(2) Melinda Burns, Peak oil and apocalypse then, Published May 29 2010 by Miller-McCune, Archived, Jun 8,2010.

(3) バーツラフ・スミル、逸見謙三・柳澤和夫他訳『世界を養う―環境と両立した農業と健康な食事を求めて』(2003) 食料農業政策研究センター

(4) T.E. Crews, M.B. Peoples. Legume versus fertilizer sources of nitrogen: Ecological tradeoffs and human needs, Agriculture, Ecosystems and Environment, 2004.

(5) 吉田太郎『知らなきゃヤバい！食料自給率40%が意味する日本の危機』(2010) 日刊工業新聞社 p16

(6) Jörg Friedrichs, Global energy crunch: How different parts of the world would react to a peak oil scenario, Energy Policy, Apr27, 2010.

(7) Traditional Agriculture, Dalhousie University over the period 1998 to 2001.

I 章　バック・トゥ・ザ・フューチャー

第一節　なぜアグロエコロジーと伝統農業なのか

(1) Cuba is an Example of Agro-ecology, says expert, Cuban Daily News, May 15, 2010.

(2) Parrott, N. J. E. Olesen and H. Høgh-Jensen, Certified and non-certified organic farming in the developing world, 2006.

ウルン・スウィ寺院（Pura Ulun Swi）
マスセティ寺院（masceti）
ウルン・ダヌ・バトゥール寺院（Pura Ulun Danu Batur）
デヴィ・ダヌ（Dewi Danu）
ジェロ・ゴデ・アリタン（Jero Gde Alitan）
ジェロ・ゴデ（Gero Gde）
ムンドック（munduk）
ペカセー（pekaseh）
パモス・アプー（Pamos Apuh water temple）
テクテク（tektek）
祭壇ウルン・エムペラン（pura ulun empelan）
ウスン・スウィ寺院（pura usun suwi）

エピローグ　行く川の流れは絶えずして
ティワナク（Tiwanaku）
ワリ（Wari）
ウィラ（Wira）
タパク・ヤウリ（Tapac Yauri）
キノア（quinoa=Chenopodium quinoa）
ササラダニ（oribatid mites）
国連砂漠化防止条約（UNCCD=UN Convention to Combat Desertification）

あとがきにかえて・田んぼの虫五万世代との共進化
スウェーデン王立科学アカデミー・ベイエ生態経済学国際研究所（Beijer Institute of the Royal Swedish Academy of Sciences）
ストックホルム・レジリエンス・センター（Stockholm Resilience Centre）

餌としても使えなくなる。

カナパロ・モンド（kanaparo mondo）

イトクネ（Itokone）族

ツインギ（Tuingi）

（注1）パプアニューギニア高地は、行政的には南部山岳州、東部山岳州、西部山岳州、エンガ州、チンブ州の5つに分かれ、約200万人、全人口の40パーセントが居住している[10]。

（注2）コウキクサ、ナガエツルノゲイトウ、マツモ、キンギョモ、エビモ、ノタヌキモ、トリゲモ、クロモ、イヌビエ、タマガヤツリ、コナギ等[4]。

第二節　コメと魚を同時に育てる稲田養魚

アオウオ（black carp= 学名 Mylopharyngodon piceus）

コイ科ソウギョ亜科の中国原産の淡水魚で、2m近くに成長する。

ソウギョ（grass carp= 学名 Ctenopharyngodon idellus）

コイ科ソウギョ亜科の中国原産の淡水魚で2mにも成長する。

ハクレン（silver carp= 学名 Hypophthalmichthys molitrix）

コイ科アブラミス亜科の中国原産の淡水魚で、成長が早く1.3mになる。

コクレン（bighead carp= 学名 Aristichthys nobilis）

コイ科アブラミス亜科。ハクレンよりも養殖効率、味ともによい。

なお、牛や豚を家畜と呼ぶように、中国ではこれら4種類の魚を「四大家魚」と称する。

第三節　バリの女神様

トビイロウンカ（学名 Nilaparvata lugens）

イネの葉鞘内に産卵し、長い口でイネの水分や栄養分を吸い取る。

イネ縞葉枯れ病

病原ウイルス Rice stripe virus が引き起こす。葉と葉鞘に縞状の病斑を生じ、発病株は生育が不良となり、分けつが少なくなり、その後枯れる。

イネごま葉枯病

イネごま葉枯病菌（学名 Cochliobolus miyabeanus）が引き起こす病気で、葉や全体が枯死する。

バリ灌漑プロジェクト（BIP=Bali Irrigation Project）

第五節　スリランカの古代灌漑

国際水マネジメント研究所（IIMI=The International Water Management Institute）

ビソー・コトゥワ（Biso kotuwa）

第六節　自然と調和した農的平等社会

ルラ（Lula）・シンハラ名、学名（Channa striata）　タイワンドジョウの一種で鉄分に富む。

ミー（Mee）、シンハラ名はカリー（Kaly）、学名（Maduca longifolia）
ツツジ目アカテツ科マドゥカ属で20mまで成長する常緑樹。20～200kgの油脂を含む種子を実らせ、それは石鹸や燃料等に使用でき、搾り滓もよい肥料源となる。花は、アルコール飲料の原料となり、樹皮も薬用に使われる。

(注1) ムルンガカヤム、ウエラ・イランガィヤ、ホンガラワラ、ガンガラ、ベルウィー

(注2) ヒーナティ、ダハナラ、コッカリ、カニ・ムルンガ、パチャハ・ペルマル、クルウィー、

(注3) 植物にできる木の実状の虫こぶ（Aralu=Gallnut）

(注4) セイタカミロバラン　学名、Terminalia belerica（Gaertn）。
テンニンカ目シクンシ科モモタマナ属の常緑高木で、葉や実が家畜飼料となる他、アーユルヴェーダの薬草として、咳、ライ病、胃腸薬、肝臓薬として使われる。

第七節　灌漑農業の限界を突破する古代稲作

エコロジー保全協会（ECO=Ecological Conservation Organisation）

ナワ・ケクラマ（Nawa Kekulama）

Ⅳ章　太古からのイノベーター――今蘇る古代の叡智

第一節　ニューギニア高地の盛土農法

サツマイモ黒斑病菌（Ceratocystis fimbriata）

アリモドキゾウムシ（sweetpotato weevil）学名（Cylas formicarius）
鞘翅目ミツギリゾウムシ科の熱帯に生息するサツマイモの害虫で、加害されると悪臭を発し苦みが生じ、食用はもちろん、加工用や家畜の

種子には猛毒のアルカロイドのストリキニーネが含まれ、日本でも江戸時代以降、殺鼠剤として用いられていた。スリランカ名 Godakaduru。次節参照のこと。

アコン（英名 Crown flower 、学名 Calotropis gigantea）

インドネシア原産のガガイモ科カロトロピス属の 4m になる常緑低木。

コブノメイガ（英名 leaf folder、学名 Cnaphalocrocis medinalis (Guenée,)

ツトガ科の害虫。幼虫がイネの葉を縦に巻いて内側から葉の表面を食害する。

イネ白葉枯病（bacterial leaf blight)、病原菌 Xanthomonas oryzae pv. oryzae が引き起こす世界的にも重大なイネの病害。

第三節　砂漠を沃野に蘇らす古代ダム

ジョハド（Johads）

タルン・バラト組合（TBS=Tarun Bharat Sangh、=Young India Association）

グラム・スワラジ（Gram Swaraj）

第四節　生物多様性を保全する伝統農業

アハル・パイン（Ahar-Pyne）

アルタ・シャーストラ（Arthashastra）

ブリハット・サンヒター（Brahatsamhita）

クンビス（Kunbis）族、ガヴィリス（Gavlis）族

アタルヴァ・ヴェーダ（Atharva Veda）

聖者シャー・ジャラル（Hazrat Shah Jalal）

14 世紀初期にイスラム教を布教した偉大な聖者。現在のバングラデシュの国際空港名は、この聖者の名に由来する。

ビシュヌイ（Bishnoi）教

グル、ジャムベシュワール（Jambheshwar：1485〜1536）が創設した宗教で、その名は、守るべき戒律ビス（20）とノイ（9）に由来する。うち、8 つが生物多様性の保全と家畜福祉に向けられている。ジャムベシュワールは人間活動と経済発展による自然破壊を憂え、34 歳で教義を作り、以来 51 年、布教に努めた。

チンカラ（chinkara）　インドやパキスタン等の草原や砂漠地帯に生息するガゼルの一種。絶滅の危険にさらされている。

エンベリア（サンスクリット語名ヴィダンガ［Vidanga］、学名、Embelia ribes）
インドの低丘地に自生するヤブコウジ科エンベリア属の蔓性低木で、実が条虫駆除薬や染料となる。

パンチャガビヤ（panchagavya）

イネツングロ病（tungro virus）
タイワンツマグロヨコバイ（GLH）の媒介でイネツングロ稈菌状ウイルス（RTBV=Rice tungro bacilliform virus）とイネツングロ球状ウイルス（RTSV=Rice tungro spherical virus）が重複感染することで生じる熱帯アジアのイネのウイルス病。

内発的発展比較支援（COMPAS=Comparing and Supporting Endogenous Development）

地域伝統医療復興財団（FRLHT=Foundation for Revitalisation of Local Health Traditions）

全インド民族植物学協力研究プロジェクト（AICRPE=All India Co-coordinated Research Project on Ethno biology）

レウカス（学名 Leucas aspera）
シソ科ヤンバルツルハッカ属の一年草で、虫下しや皮膚の疾患の治療の薬草として古くから使われている。

クロヨナ（サンスクリット語名 Naktamāla、学名 Millettia pinnata）
マメ科クロヨナ属の15〜25mとなる常緑樹。堅い実から取れる油が疥癬、ヘルペス、リウマチに、根と樹皮は痔、かっけ、腫瘍、潰瘍その他の目や皮膚の病気に、実から取れる油は、潤滑油、ランプの油、殺虫剤、石鹸、バイオ燃料としても注目されている。

カミメボウキ（学名、Ocimum tenuiflorum）
シソ目シソ科メボウキ属の強い香りを放つ植物で、料理、香料等の他、アーユル・ヴェーダでは風邪、頭痛、胃病、炎症、心臓病に用いられる。糖尿病の治療や白内障の予防にも役立つとされている。

ハマゴウ（学名、Vitex rotundifolia）
シソ目クマツヅラ科ハマゴウ属の常緑小低木で、果実に鎮痛、鎮静、消炎作用がある。

マチン（英名 poison nut、学名 Strychnos nux-vomica L.）
インド原産のリンドウ目マチン科マチン属の15〜30mにもなる常緑樹。

ノウゼンハレン科キンレンカ属の多年草。イソチオシアン酸塩を多く含み、センチュウの防除効果がある。食料の他、利尿剤等の薬効もある。

ウルコ（ulluco、学名 Ullucus tuberosus）

ツルムラサキ科ウルクス属の一年草で、蛋白質を多く含み、葉も根も食用となる。

ジャガイモシストセンチュウ（英名 potato cyst nematode、学名 Globodera rostochiensis）

アリソ（aliso、学名 Alnus acuminata）

中米、南米北部に分布するカバノキ科ハンノキ属の中高木で、材は建築用、樹皮は染料、薬用、果実も薬用となる。

サチャ（sacha）

マジュキ（mallqui）

Ⅲ章　曼荼羅というコスモロジー——インド・スリランカ

第一節　伝統品種の復活で村を再生

ナブダニヤ（Navdanya）

インド知識体系センター（CIKS=Centre for Indian Knowledge Systems）

イネグラッシースタント病（Grassy-Stunt Virus）トビイロウンカが媒介し、感染すると約二週間でイネの葉が黄化し、草丈が短縮して株元から異常分けつを生じる。

オリザ・ニヴァラ（Oryza nivara）

ビジャ・ヤトラ（Bija Yatra）

セイロンベンケイソウ（学名 Kalanchoe pinnata）

ベンケイソウ科カランコエ属の常緑多年生の多肉植物で、腫れ物・虫さされ等の治療に用いる。

第二節　古代インドの植物科学

オオウイキョウ（サンスクリット語名ヒング［hingu］、学名 Ferula asafoetida）

セリ科オオウイキョウ属の1〜1.5m高さとなる多年生草本。慢性気管支炎や百日咳の治療用に伝統医療で用いられ、1918〜19年にスペイン・インフルエンザの流行時にも用いられた。

ヴリクシャ・アーユル・ヴェーダ（Vrkshayurveda）

アジア農業史財団（Asian Agri-History Foundation）

先住民族知識資源センター（indigenous knowledge resource centers）
クイクル（Kuikuru）族
シリオノ（Siriono）族
国際土壌照会情報センター（ISRIC=International Soil Reference and Information Centre）
国際土壌科学連合（International Union of Soil Sciences）
テラ・プラタ（Terra Preta） ADE（Amazonian Dark Earths）とも称される。

（注1）エフライム・エルナンデス・ショロコチ（1913〜1988）。メキシコ、トラスカラ出身の著名な農学者で、メキシコの農業や作物、その歴史、民族植物学の研究やトウモロコシの遺伝子収集に大きな貢献をした。コーネル大学で学び、米国で研究生活を送った後、農業研究で最も著名なチャピンゴ自治大学（UACH = Universidad Autonomia de Chapingo）で教鞭を執り、森林学部長や植物学部長を務めた。カリフォルニア大学のグリースマン教授は、メキシコ先住民族の農業についての教授の革新的な研究が、アグロエコロジーの発展に寄与したと評価している。

（注2）アマゾネス伝説
オレリャーナは「女戦士たちは非常に強健で、股間を隠しただけの裸だったが、戦いぶりは男10人分に相当した。年に一度男たちと交わり、女の子どもだけを残す。矢が射やすいように右の乳房は切り落としている」と述べている。しかし、この話は事実とは異なり、スペイン人たちが2000年前の古代ギリシアから語られていた伝説を述べたものとされている。そして、この伝説はロシア南部のステップ地帯で実際に狩りや戦争に女性が従事していた部族に由来するとされている（ピーター・ジェイムズ、ニック・ソープ『古代文明の謎はどこまで解けたかⅡ』（2004）太田出版 P240〜258

第六節　帝国の作法
コルカ（colca、あるいは qollqa）
アンデスカタバミ（英名オカ［oca］、学名 Oxalis tuberosa）
アンデス原産のカタバミ科カタバミ属の多年草で、塊根が食用となる。
マシュア（mashua、学名 Tropaeolum tuberosum）

Campesino de la Mixteca)
傾斜の水路（acequias de laderas）
カヘーテ（Cajete）
テキオ（Tequio）
環境自然資源庁（SEMARNAT=Secretaría del Medio Ambiente y Recursos Naturales）

第二節　巨大都市を養う水上菜園
アメジョネス（amellones）
ザンハス（zanjas）
アルマシガス（almacigas）
ピシウム腐敗病菌（Pythium aphanidermatum［Edson］Fitzpatrick）
土壌中に生息し、未熟な有機物を餌に急速に菌糸を伸長させ、多くの野菜等に被害を起こす。

第三節　森の中で作物を育てる
レンカ（Lenca）族
ケスングアル・焼畑アグロフォレストリー・システム（QSMAS=Quesungual Slash and Mulch Agroforestry System）
焼畑農業（Shifting cultivation, slash-and-burn, swidden, slash and burn agriculture）
水と食料・チャレンジ・プログラム（Challenge Program on Water and Food）
国際熱帯農業センター（CIAT=Centro Internacional de Agricultura Tropical）

第四節　洪水を乗り切る伝統農法
カメリョーネス（camellones、スペイン語名、ケチュア語ではワル・ワル［Waru Waru］）
ケネス・リー財団（Kenneth Lee foundation）
タロペ（tarope、学名：Dorstenia brasiliensis Lam.）
クワ科の多年草で、煎じた根には解熱、利尿、解毒効果がある。

第五節　アマゾンの密林に眠る古代農法
カイヤポ（Kayapo）族

用語集

Ⅰ章　バック・トゥ・ザ・フューチャー

第一節　なぜアグロエコロジーと伝統農業なのか

NGO キューバ農林技術協会（ACTAF=Asociacion de Tecnicos Agricolas y Forestales-Cuba）

ラテンアメリカ・カリブ海・アグロエコロジー運動会議（MAELA=Movimiento Agroecologico de America Latina y El Caribe）

ラテンアメリカ・アグロエコロジー学会（SOCLA=Sociedad Cientifica Latino Americana de Agroecologia）

ブラジルの小規模農民運動（MPA=Movimento dos Pequenos Agricultores）

土地なし農民運動（MST=Movimiento de Trabajadores sin Tierra）

ラテンアメリカ・オルタナティブ脱農薬ネットワーク（RAPAL=Red de Accion en Plaguicidas y Sus Alternativas para America Latina）

ブラジル・アグロエコロジー協会（ABA=Brazilian Agroecological Society）

第二節　世界農業遺産

世界農業遺産（GIAHS=Globally Important Agriculture Heritage Systems）

第三節　アグロエコロジーと伝統農業を評価する国際アセスメント

開発のための農業科学・技術国際アセスメント（IAASTD=International Assessment of Agricultural Science and Technology for Development）

地球環境財団（GEF=Global Environment Facility）

2050 年のグローバルな食料ニーズを満たすためのアグロエコロジーの寄与（The contribution of agroecological approaches to meet 2050 global food needs）

Ⅱ章　未来への遺産――マヤ、アステカ、アマゾン、インカ

第一節　古代農法の復活で村を再生――ミルパ・ソラール

メキシコ農民総合開発センター（CEDICAM=Centro de Desarrollo Integral

著者紹介——吉田太郎（よしだ　たろう）

一九六一年東京生まれ。筑波大学自然学類卒業。同学大学院地球科学研究科中退。東京都職員を経て、現在、長野県職員。

著訳書には

『200万都市が有機野菜で自給できるわけ——都市農業大国キューバ・リポート』『世界がキューバ医療を手本にするわけ』『世界がキューバの高学力に注目するわけ』『百姓仕事で世界は変わる——持続可能な農業とコモンズ再生』（以上築地書館）『有機農業が国を変えた』（コモンズ）『地球を救う新世紀農業——アグロエコロジー計画』（筑摩書房）『知らなきゃヤバイ！食糧自給率40％が意味する日本の危機』（日刊工業新聞社）などがある。

文明は農業で動く——歴史を変える古代農法の謎

二〇一一年四月一五日　初版発行

著者——吉田太郎
発行者——土井二郎
発行所——築地書館株式会社
東京都中央区築地七―四―四―二〇一　〒一〇四―〇〇四五
電話〇三―三五四二―三七三一　FAX〇三―三五四一―五七九九
振替〇〇一一〇―五―一九〇五七
ホームページ＝http://www.tsukiji-shokan.co.jp/
印刷・製本——シナノ印刷株式会社
装丁——小島トシノブ

©YOSHIDA, Taro, 2011 Printed in Japan ISBN 978-4-8067-1420-0 C0020

・本書の複写にかかる複製、上映、譲渡、公衆送信（送信可能化を含む）の各権利は築地書館株式会社が管理の委託を受けています。
・JCOPY〈（社）出版者著作権管理機構 委託出版物〉
本書の無断複写は著作権法上での例外を除き禁じられています。複写される場合は、そのつど事前に、（社）出版者著作権管理機構（電話 03-3513-6969、FAX 03-3513-6979、e-mail: info@jcopy.or.jp）の許諾を得てください。

くわしい内容はホームページで。URL=http://www.tsukiji-shokan.co.jp/

●キューバ・リポートシリーズ

◎総合図書目録進呈。ご請求は左記宛先まで。
〒一〇四―〇〇四五　東京都中央区築地七―四―四―二〇一　築地書館営業部
《価格（税別）・刷数は、二〇一一年四月現在のものです。》

「没落先進国」キューバを日本が手本にしたいわけ

吉田太郎［著］　二〇〇〇円＋税

人口減少、超高齢化、経済の衰退に直面する日本が参考にするのは、質素でも、ビンボー臭くない、キューバの「没落力」だ！　キューバを通して、日本社会を逆照射する。

世界がキューバ医療を手本にするわけ

吉田太郎［著］　◎7刷　二〇〇〇円＋税

乳幼児死亡率は米国以下。平均寿命は先進国並み。がん治療から心臓移植まで医療費はタダ。なぜキューバは、医療システムにおいて、アメリカをしのぐ先進性を持ち得たのか。

世界がキューバの高学力に注目するわけ

吉田太郎［著］　◎2刷　二四〇〇円＋税

幼稚園から大学まで学生や教師、文部担当官僚、元大臣への現地インタビューを通じて、世界が瞠目する「持続可能な医療福祉社会」を支える人材育成の謎に迫った最新リポート。

200万都市が有機野菜で自給できるわけ

【都市農業大国キューバ・リポート】
吉田太郎［著］　◎8刷　二八〇〇円＋税

未曾有の経済崩壊の中で、エネルギー・環境・食糧・教育・医療問題をどう切り抜けたのか。キューバから見えてくる「自給する都市」という未来絵図。